GÉOMÉTRIE

OU

L'ARPENTAGE RAPIDE ET FACILE

ET

LA TRIGONOMÉTRIE

A LA PORTÉE DE TOUS

PAR

J.-M. MÉLINGE

Vulgariser en simplifiant

PRIX : 1 fr. 25 c.

PARIS

Aug. BOYER & Cie, LIBRAIRES-ÉDITEURS

RUE SAINT-ANDRÉ-DES-ARTS, 49

1875

TACHYMÉTRIE

OU

L'ARPENTAGE RAPIDE ET FACILE

ET

LA TRIGONOMÉTRIE

A LA PORTÉE DE TOUS

PAR

J.-M. MÉLINGE

Vulgariser en simplifiant

PRIX : 1 fr. 25 c.

PARIS

Aug. BOYER & Cie, LIBRAIRES-ÉDITEURS

RUE SAINT-ANDRÉ-DES-ARTS, 49

1875

(Tous droits réservés.)

Tout Exemplaire non revêtu de la signature de l'auteur sera réputé contrefait.

Les contrefacteurs et les débitants de contrefaçons seront poursuivis.

AVANT-PROPOS

—

Simplifier l'Arpentage par la suppression des perpendiculaires, dont l'abaissement fait perdre un temps considérable ; donner à ceux qui connaissent la Géométrie des moyens plus rapides, et à ceux qui l'ignorent des procédés faciles pour résoudre même les problèmes ordinaires de la Trigonométrie rectiligne ; justifier en quelque sorte le titre de *Mathématiques amusantes*, donné par quelques auteurs à cette partie si intéressante de la Géométrie plane : tel est le triple but que s'est proposé l'auteur de cet opuscule, et qu'il pense avoir atteint dans les limites du possible.

Désormais les opérations sur le terrain se trouvent réduites à un degré de simplicité inconnu jusqu'ici, et les calculs relatifs aux polygones réguliers, calculs qui sont d'un fréquent usage dans les arts, deviennent tout à fait élémentaires par l'application de formules sans analogues peut-être, et aussi remarquables par leur concision que par leur nouveauté.

Puisse cet humble travail être utile à la jeunesse studieuse et mériter l'attention des hommes voués à l'enseignement ! C'est la première ambition, et ce sera la plus douce récompense d'un vieux professeur qui les a eus surtout en vue, parce qu'il leur est tout naturellement sympathique.

J.-M. M.

OBSERVATION

La Tachymétrie se compose essentiellement de deux parties: théorie et pratique.

La *partie théorique* suppose la connaissance de la Géométrie plane, dont elle n'est que le complément, et dont nous ne voulions pas grossir notre volume.

La *partie pratique*, conséquence et application de la précédente, ne présente aucune difficulté réelle, même pour les personnes étrangères à la Géométrie.

Au reste, peut-être publierons-nous, dans un avenir prochain, un volume sous ce titre : *Petit Traité de Géométrie plane*, avec notions d'Algèbre pour l'intelligence du texte et la résolution des problèmes de l'ouvrage.

Nous nous proposons également de faire construire un nouvel instrument, le *Tachymètre*, destiné à donner immédiatement et avec une grande précision, le coefficient des angles, sans qu'il soit besoin d'en mesurer les cordes.

TACHYMÉTRIE

I

PARTIE THÉORIQUE

—

1. La *Tachymétrie* est l'art de mesurer rapidement la surface d'un terrain polygonal quelconque et de déterminer la longueur de ses côtés : c'est l'*Arpentage* et la *Trigonométrie* réduits à leur plus simple expression.

2. La *Tachymétrie* découle tout entière de cette proposition de Géométrie : *Deux triangles qui ont un angle commun sont entre eux comme les produits des côtés comprenant cet angle commun.*

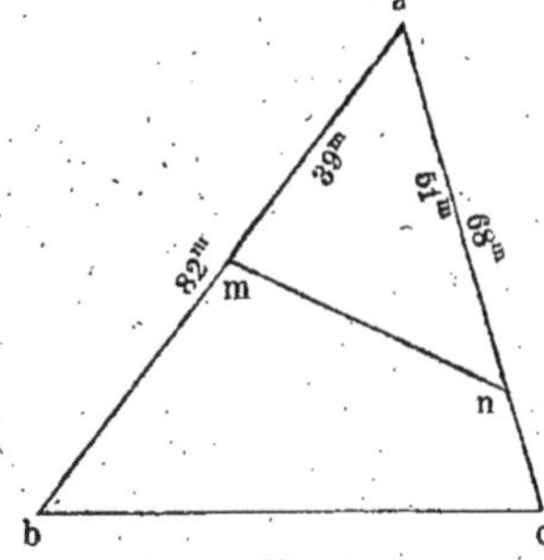

Fig. I.

Ainsi, dans la figure ci-contre, on a :

$$Amn : ABC :: Am \times An : AB \times AC$$
$$:: 39 \times 51 : 82 \times 68$$
$$:: 1989 : 5166$$

$$\frac{Amn}{ABC} = \frac{1989}{5166} = 0,385 :$$

ou bien : $Amn = ABC \times 0,385$

$$\frac{ABC}{Amn} = \frac{5166}{1989} = 2,597 :$$

ou bien : $ABC = Amn \times 2,597$

d'où il résulte que la surface de l'un des triangles permettrait de trouver celle de l'autre.

3. COROLLAIRE. — *La surface du triangle ABC est égale au produit de ses côtés, AB, AC, par celle du triangle isocèle à côtés égaux de 1 mètre ayant le même sommet A, puisque alors* $Am \times An = 1$.

Problème

4. Trouver la surface du triangle isocèle à côtés égaux de 1 mètre ayant une base de 0^m 8.

Solution

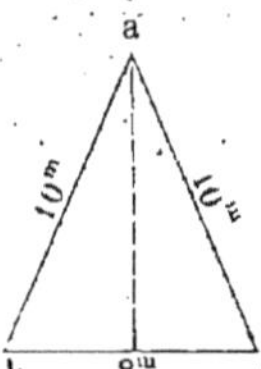

Fig. II.

Opérons sur un triangle de dimensions dix fois plus grandes, ce qui rend le mesurage plus facile sur le terrain.

Soit abc le triangle, ad sa hauteur. On a :

$$ad = \sqrt{(ac^2 - cd^2)} = \sqrt{100 - 16} = \sqrt{84} = 9,165151 :$$

$$\text{Surface } abc = \frac{bc \times ad}{2} = \frac{8 \times 9,165151}{2} = 36^{mm}660604$$

Or, les figures semblables étant entre elles comme les quarrés de leurs côtés homologues, le triangle semblable à abc, mais de dimensions dix fois moindres serait 100 fois plus petit, et sa surface se réduirait par conséquent à 0^mm36.66.06.04.
C'est la surface demandée.

5. La hauteur du triangle isocèle à côtés égaux

de 10 mètres étant toujours :

$$\sqrt{(100 - \tfrac{1}{4} B^2)}, \text{ sa surface } = \tfrac{1}{2} B \sqrt{(100 - \tfrac{1}{4} B^2)};$$

de 1 mètre :

$$\sqrt{(1 - \tfrac{1}{4} B^2)}, \text{ sa surface } = B \sqrt{(1 - \tfrac{1}{4} B^2)} \text{ ou } \frac{B \sqrt{(4 - B^2)}}{4}.$$

Problème

6. Trouver la surface du triangle ABC, le triangle isocèle de 10^m de côté formé à son sommet ayant 8^m de base.

Solution

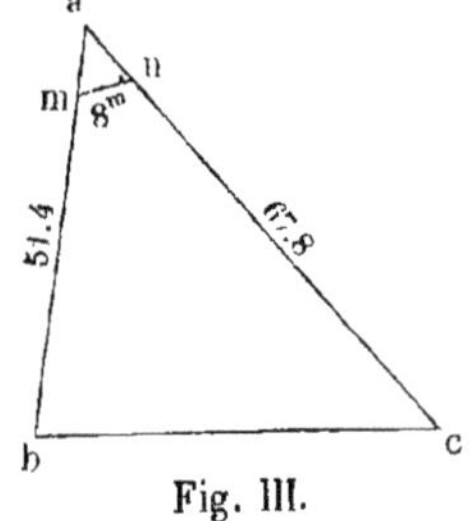

Fig. III.

On a évidemment :

$$ABC : Amn :: 51^m4 \times 67^m8 : 10 \times 10$$

$$:: 3484.92 : 100$$

$$\frac{ABC}{Amn} = \frac{3484.92}{100} = 34,8492$$

$$ABC = Amn \times 34,8492 = (4)\ 36.66 \times 34.8492 = 1277^{mm}56.$$

Ou, ce qui revient au même, S = 3484.92, produit des

côtés AB, AC, par 0.3666 surface du triangle isocèle à côtés égaux de 1 mètre ayant son sommet en A.

7. Dans notre *Table trigonométrique*, nous appelons

Corde, la base du triangle isocèle de 10 mètres de côté,

8. *Coefficient*, la centième partie de la surface de ce triangle, ou la surface du triangle isocèle semblable de 1^m de côté ayant même sommet A.

9. De là cette règle : *La surface d'un triangle est égale au produit de deux de ses côtés multiplié par le coefficient de l'angle compris.*

Théorème

10. *Deux angles supplémentaires ont le même coefficient.*

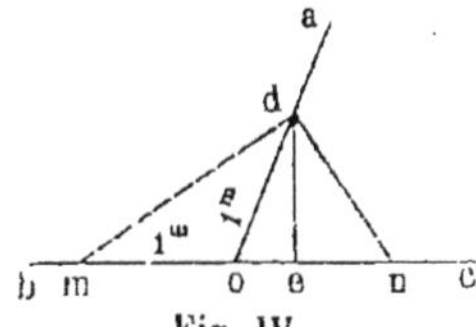

Fig. IV.

Démonstration

Le coefficient de l'angle aigu *aoc* n'est autre chose que la surface du triangle isocèle *don*, où $do = on = 1$ mètre ;

Celui de l'angle obtus supplémentaire *aob*, est également la surface du triangle isocèle *dom*, où $do = om = 1$ mètre :

Or, ces deux triangles ont des bases égales (de 1 mètre) et la même hauteur *de* : donc ils sont équivalents.

Donc, *deux angles supplémentaires ont le même coefficient.*

11. COROLLAIRE. — *Les quatre angles formés par deux droites qui se coupent ont le même coefficient.*

Théorème

12. *La surface d'un triangle est égale au produit de sa base par une oblique quelconque menée de la base au sommet et multiplié lui-même par le coefficient de l'un des angles formés par l'oblique avec la base.*

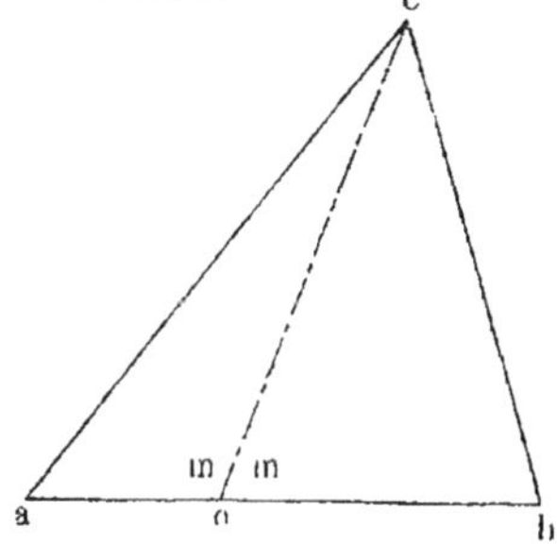

Fig. V.

Démonstration

Dans le triangle ABC, tirons l'oblique CO; nous aurons, en désignant par *m*, les coefficients :

Surface $AoC = Ao \times oC \times m$:

$$BoC = Bo \times oC \times m :$$

Donc, $AoC + BoC = (Ao + oB) oc \times m$;

ou encore $ABC = AB \times oC \times m$.

Théorème

13. *La surface d'un quadrilatère est égale au produit de ses deux diagonales multiplié par le coefficient de leur angle d'intersection.*

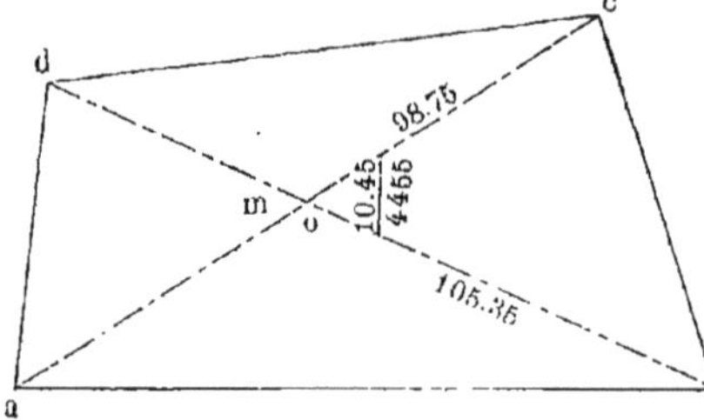

Fig. VI

Démonstration

Dans le quadrilatère $abcd$, si nous désignons par m le coefficient des angles en O qui est le même (11), nous aurons:

Triangle $dcb = db \times co \times m$.

Triangle $dab = db \times oa \times m$

Donc $abcd$ ou $dab + dcb = db\,(co + oa)\,m = ac \times bd \times m$.

Théorème

14. *Dans un triangle, le coefficient d'un angle est égal au côté opposé multiplié par une fraction qui a pour numérateur le coefficient d'un autre angle, et pour dénominateur le côté correspondant à ce dernier angle.*

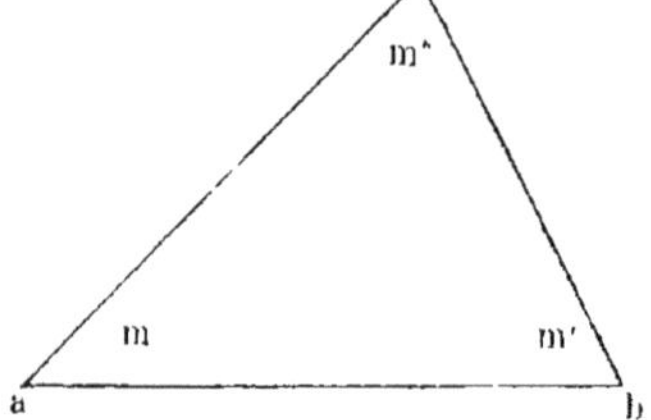

Fig. VII.

Démonstration

Appelons S la surface du triangle abc,

m, m', m'', les coefficients des angles; on a (9) :

$$S = \begin{cases} ab \times ac \times m\,; \\ ab \times bc \times m'; \\ ac \times bc \times m''; \end{cases} \text{Ainsi} \begin{cases} ab \times ac \times m = ab \times bc \times m' \\ ac \times m = \qquad bc \times m' \quad (1) \\ m = \dfrac{bc \times m'}{ac}\,; \quad m' = \dfrac{ac \times m}{bc} \end{cases}$$

On a de même :

$$ab \times ac \times m = ac \times bc \times m''$$
$$ab \times m = bc \times m'' \quad (2);$$
$$m = \frac{bc \times m''}{ab}\,,$$
$$m'' = \frac{ab \times m}{bc}$$

$$ab \times bc \times m' = ac \times bc \times m''$$
$$ab \times m' = ac \times m'' \quad (3)$$
$$m' = \frac{ac \times m''}{ab}$$
$$m'' = \frac{ab \times m'}{ac}$$

15. COROLLAIRE. — Des équations (1), (2), (3), on déduit sans peine les formules des côtés du triangle analogues aux précédentes. En effet :

$$(1)\ ac \times m = bc \times m' \left. \right\} \quad \text{Donc} \quad \left\{ ac. = \frac{bc \times m'}{m} \quad \text{et} \quad bc = \frac{ac \times m}{m'} \right.$$

$$(2)\ ab \times m = bc \times m'' \left. \right\} \qquad \qquad ab = \frac{bc \times m''}{m} \quad \text{et} \quad bc = \frac{ab \times m}{m''}$$

$$(3)\ ab \times m' = ac \times m'' \left. \right\} \qquad \qquad ab = \frac{ac \times m''}{m} \quad \text{et} \quad ac = \frac{ab \times m'}{m''}$$

Ce qui peut se traduire ainsi : *Le côté d'un triangle est égal au coefficient de l'angle opposé, multiplié par une fraction qui a pour numérateur un autre côté du triangle, et pour dénominateur le coefficient de l'angle correspondant à ce dernier côté.*

Théorème

16. *Dans tout triangle, les coefficients des angles sont proportionnels aux côtés opposés et réciproquement.*

Démonstration

Reprenons nos équations (1), (2), (3) :

$$\text{De} \left\{ \begin{array}{l} ac \times m = bc \times m' \\ ab \times m = bc \times m'' \\ ab \times m' = ac \times m'' \end{array} \right\} \text{On conclut :} \left\{ \begin{array}{l} ac : bc :: m' : m \\ ab : bc :: m'' : m \\ ab : ac :: m'' : m' \end{array} \right.$$

ce qu'il fallait démontrer.

Théorème

17. *Le coefficient d'un angle n'est autre chose que son demi-sinus, c'est-à-dire la moitié de la perpendiculaire abaissée d'un de ses côtés, à 1^m de distance du sommet sur l'autre côté de l'angle.*

Démonstration

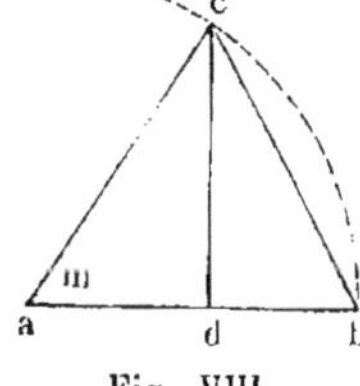

Fig. VIII.

Soit $ab = ac = 1$ mètre, et S la surface du triangle.

$$S = \frac{ab \times cd}{2} = \frac{cd.}{2}$$

Mais S n'est autre chose que m, puisque ab et ac ont 1 mètre : donc, $m = \frac{cd}{2}$ ou $\frac{1}{2}\ cd$, *sinus* de l'angle a.

NOTA. — La ligne ad comprise entre le pied du *sinus* et le sommet de l'angle s'appelle le *cosinus* de l'angle a.

18. On démontre en géométrie que les parallèles équidistantes menées à la base d'un triangle, diminuent progressivement d'une quantité constante en se rapprochant du sommet;

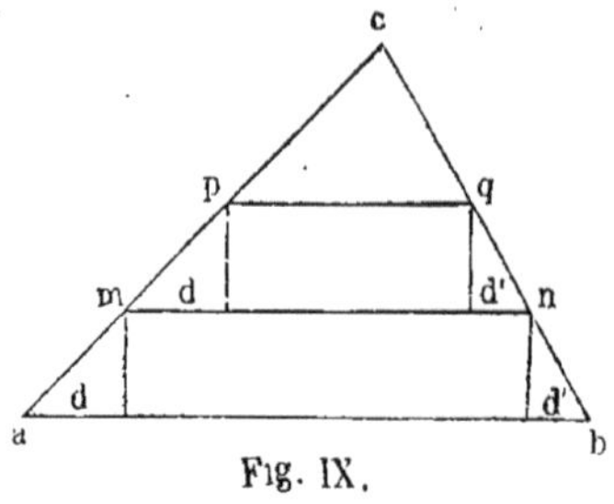

Fig. IX.

Par exemple: $mn = ab - (d + d')$,

$$pq = mn - (d + d')\text{etc.}$$

Cela posé, *la quantité constante V, qui forme la différence des parallèles à l'unité de distance les unes des autres est égale au quotient de la base du triangle par sa hauteur :*

Ainsi : V ou $(d + d') = \dfrac{B}{H}$

Pour mieux fixer les idées, opérons sur des longueurs connues.

Dans le triangle ci-contre, on a évidemment, puisque, au sommet, la base se trouve réduite à zéro.

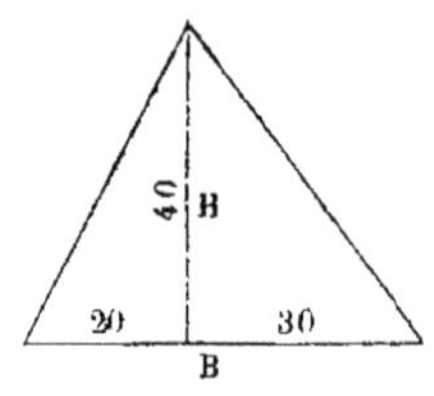

Fig. X

Diminution pour

40^m de hauteur, 50 mètres

1^m $\dfrac{50}{40} = 1^m 25$, ou $V = \dfrac{B}{H}$

De là aussi, $H = \dfrac{B}{V}$

19. La diminution ayant lieu ici, à droite et à gauche, parce que les deux angles à la base sont aigus, appelons V et V'' ces deux quantités, nous aurons :

A gauche, $V = \dfrac{20}{40} = 0^m 50^c$

A droite, $V'' = \dfrac{30}{40} = 0^m 75^c$

d'où $V + V'' = 1^m 25^c$

Ainsi encore :

$$V + V'' = \frac{B}{H}, \text{ et } H = \frac{B}{V + V'}$$

$H = \dfrac{B}{2V}$, si le triangle est isocèle.

20. COROLLAIRE I. — *Dans les triangles de même base et de même hauteur, la somme des éléments V et V' est toujours la même.*

21. Corollaire II. — La surface d'un triangle étant égale au demi-produit de sa base par sa hauteur, on a :

$$S = \frac{B \times H}{2} = \frac{B}{2} \times \frac{B}{V + V'} = \frac{B^2}{2\,(V + V')},$$

c'est-à-dire que *la surface d'un triangle est égale au quarré de sa base divisé par le double des éléments V et V' des angles y adjacents.*

22. Corollaire III. — Dans le triangle isocèle, ou $V = V'$, on a évidemment : $S = \dfrac{B^2}{4V} = \dfrac{\frac{1}{4}B^2}{V}$

23. Corollaire IV. — Dans un triangle abc rectangle en a, on a : $ac = \dfrac{ab}{V}$ équation qui donne le moyen d'obtenir rapidement la distance ac lors même que le point c est inaccessible, comme lorsqu'il s'agit de mesurer la largeur d'une rivière.

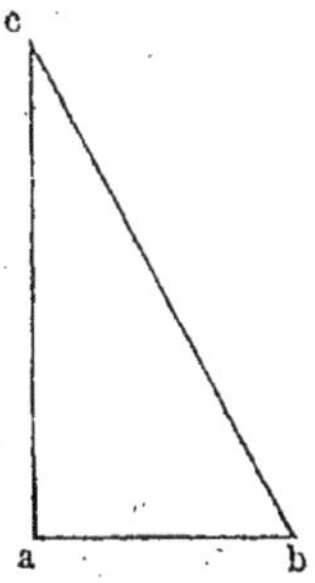

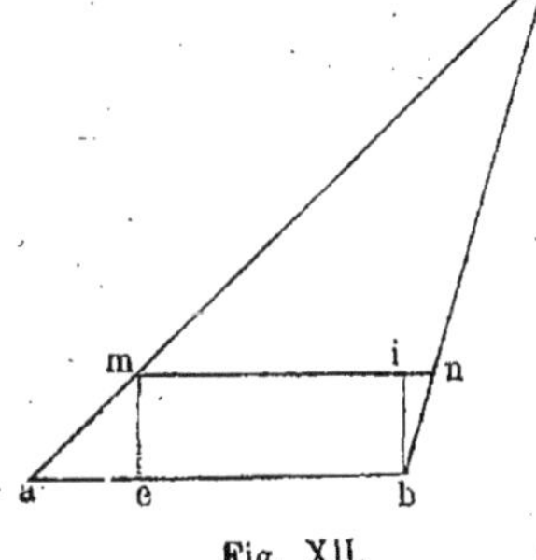

Fig. XI.

____

24. Observation sur le numéro 21. — Lorsqu'un des angles est obtus, la parallèle diminue du côté de l'angle aigu, tandis qu'elle augmente de l'autre : ainsi $mn = ab + in - ae$. La diminution par mètre devient alors $V - V'$ et l'on a :

$$H = \frac{B}{V - V'}\;;\; S = \frac{\frac{1}{2}B^2}{V - V'}$$

Fig. XII.

Théorème

25. *Dans un triangle* abc, *la hauteur est égale au double d'un côté multiplié par le coefficient de l'angle qu'il forme avec la base :* $H = 2ac \times m$ ou $2bc \times m'$.

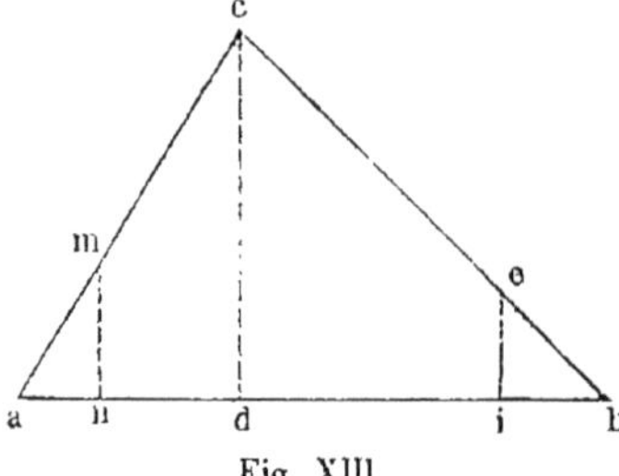

Fig. XIII.

Démonstration

Soient mn, ei les *sinus* des angles a et b; cd la hauteur du triangle. Les triangles semblables amn, acd donnent

$$am : mn : : ac : cd;$$

donc

$$cd = \frac{ac \times mn}{am} = ac \times mn = ac \times 2m \ (17) \text{ ou } 2ac \times m.$$

On trouverait de même : $cd = 2bc \times m'$.

26. Les mêmes triangles donnent encore :

1° $am : an : : ac : ad$; et $ad = \dfrac{ac \times an}{am} = ac \times an$, puisque $am = 1$

$be : bi : : bc : bd$; et $bd = \dfrac{bc \times bi}{be} = bc \times bi$.

En d'autres termes, *le segment de la base d'un triangle est égal au côté adjacent multiplié par le* cosinus *de l'angle que forme ce côté avec la base.*

27. 2° $mn : an : : cd : ad$; d'où $ad = \dfrac{cd \times an}{mn}$

Or, $\dfrac{an}{mn} = V$: Donc, $ad = cd \times V$; et, par suite, $cd = \dfrac{ad}{V}$

Ainsi, *le segment* ad *de la base est égal au produit de la hauteur du triangle par l'élément* V *de l'angle y adjacent, et la hauteur est égale au quotient de ce segment par le même élément* V (23).

Théorème

28. Dans le triangle abc, on a :

$$ac = \frac{ab}{2m\,(V + V')}; \text{ et } V + V' = \frac{ab}{2ac \times m}$$

Démonstration

En effet, $dc : mn :: ae : am$ d'où $ac = \dfrac{cd \times am}{mn} = \dfrac{cd}{mn} = \dfrac{cd}{2m}$

Or (19), $cd = \dfrac{ab}{(v + v')}$ donc, $ac = \dfrac{ab}{2m\,(v + v')}$

(Avec un angle obtus, $ac = \dfrac{ab}{2m\,(v - v')}$)

On tire de là : $V + V' = \dfrac{ab}{2ac \times m}$

29. Dans le cas où abc serait isocèle, on aurait :

$$ac = \frac{ab}{4m\;V}; \text{ et } V = \frac{ab}{4ac \times m}$$

Ces valeurs de cd et de ac servent à trouver l'apothème et le rayon d'un polygone régulier dont on connaît le côté.

Théorème

30. *Si, dans un triangle isocèle à côtés égaux de 1 mètre, on prend pour base un des côtés égaux, on a :*

$$V + V' = \frac{1}{2m} : \quad V = \frac{2 - B^2}{4m}, \text{ et } V' = \frac{B^2}{4m}$$

(B *représente le côté qui n'a pas d'égal, et* V *se rapporte à l'angle opposé, sommet naturel du triangle.*)

(Voir fig. VIII.)

Démonstration

En effet, la formule $v + v' = \dfrac{ab}{2ac \times m}$ devient $\dfrac{1}{2m}$, puisque $ab = ac = 1$

Pour les angles b et c, on a $v = v'$ et (22) surface $abc = \dfrac{B^2}{4V}$ ou $m = \dfrac{B^2}{4V'}$

d'où résulte : $4v' \times m = B^2$ ou bc^2, et $V' = \dfrac{B^2}{4m}$.

Enfin $V + V' - V'' = \dfrac{1}{2m} - \dfrac{B^2}{4m} = \dfrac{2 - B^2}{4m}$ (B représente la corde de l'angle). Ainsi $V = \dfrac{2 - B^2}{4m}$.

Problème

31. *Connaissant le coefficient* m *d'un angle, trouver* m', *celui de son complément.*

Solution

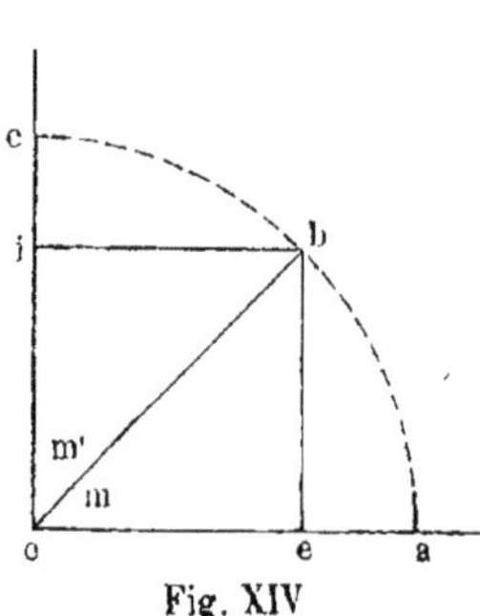

Fig. XIV

Soit *aob*, l'angle donné, *boc* son complément. Du point *o* comme centre, et d'un rayon égal à l'unité, décrivons l'arc *abc*, puis abaissons les perpendiculaires *be*, *bi*, sinus des deux ares ; *bi*, *eo* sont égaux comme côtés opposés du même rectangle ; or $oe^2 = R^2 - be^2 = 1 - be^2$. Mais *eo* ou $bi = 2m'$ (17), comme $be = 2m$.

Donc $4m'^2 = bi^2$ ou $eo^2 = 1 - be^2 = 1 - 4m^2$.

$$m' = \sqrt{\dfrac{1 - 4m^2}{4}} = \sqrt{0{\cdot}25 - m^2}.$$

Problème

32. *Connaissant la corde d'un angle, trouver celle de son supplément.*

Solution

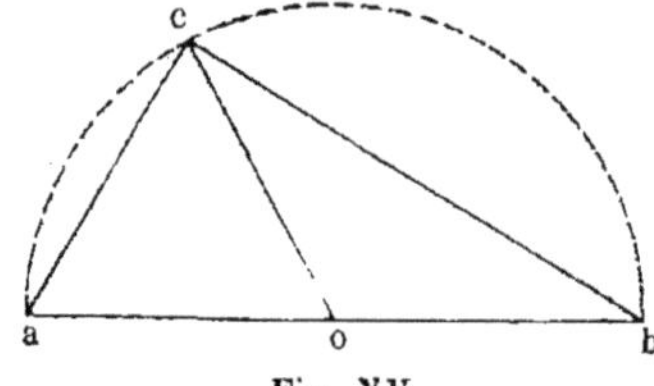

Fig. XV.

Soit $oa = ob = oc = 10$ mètres ; *ac* d'une longueur quelconque.

L'angle inscrit *acb*, appuyé sur le diamètre, est droit ; et le triangle est rectangle en *c*, ce qui donne :

$$bc = \sqrt{(ab^2 - ac^2)} = \sqrt{400 - ac^2}. \text{ Si } ao = 1, \text{ on a : } bc = \sqrt{4 - ac^2}.$$

Théorème

33. *Si du sommet* C *d'un triangle on abaisse une perpendiculaire sur la base, la différence des quarrés des segments* ad, bd, *sera égale à la différence des quarrés des côtés* ac, bc *y adjacents*

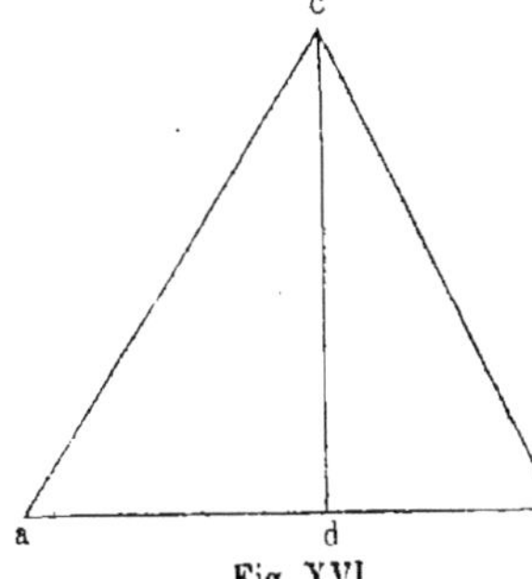

Fig. XVI

Démonstration

En effet :
$$ad^2 + cd^2 = ac^2 \quad (1)$$
$$bd^2 + cd^2 = bc^2 \quad (2)$$

Retranch^t (2) de (1) : $\overline{ad^2 - bd^2 = ac^2 - bc^2}$

NOTA. — Connaissant la différence des quarrés, ce qui a lieu quand ab, ac et bc sont eux-mêmes connus, il est possible de déterminer chacun des deux segments par l'application de cette proposition :

De deux quantités inégales, la plus grande égale leur demi-somme, plus leur demi-différence, $\dfrac{s+d}{2}$ *; la plus petite, la demi-somme moins la demi-différence* $\dfrac{s-d}{2}$.

En effet : soit a la plus petite ; $a+d$ (la différence) sera la plus grande.

De là : $a + (a+d)$ ou $2a+d = S$ (somme). $2a = S-d$ et $a = \dfrac{s-d}{2}$

$$(a+d) = \frac{s-d}{2} + d = \frac{s-d+2d}{2} = \frac{s+d}{2}.$$

Problème

34. *Connaissant les trois côtés d'un triangle, trouver la surface.*

Solution

Dans le triangle précédent, appelons

x le plus grand segment $\quad ad,$
y le plus petit $\quad bd,$
d les différences égales $\left\{ \begin{array}{l} ac^2 - bc^2 \\ ad^2 - bd^2 \end{array} \right. ;$

Nous aurons les équations :
$$x + y = ab,$$
$$x^2 - y^2 = d.$$

Mais $x^2 - y^2 = (x + y)(x - y)$: d'où
$$(x + y)(x - y) = d$$
$$ab(x - y) = d$$
$$x - y = \frac{d}{ab}$$

16

Connaissant la différence de nos segments, nous appliquons la règle du n° 33 pour déterminer chacun d'eux.

Or $cd = \sqrt{(ac^2 - ad^2)} = 2ac \times m$ (25). Delà : $m = \dfrac{\sqrt{(ac^2 - ad^2)}}{2ac}$.

Ce coefficient une fois trouvé, il suffit, pour obtenir la surface abc, d'effectuer le produit $ab \times ac \times m$, ce qui donnera en définitive $S = \dfrac{ab\sqrt{(ac^2 - ad^2)}}{2}$.

Théorème

35. *Les parallèles équi-distantes menées entre deux lignes convergentes déterminent des trapèzes en progression par différence.*

Démonstration

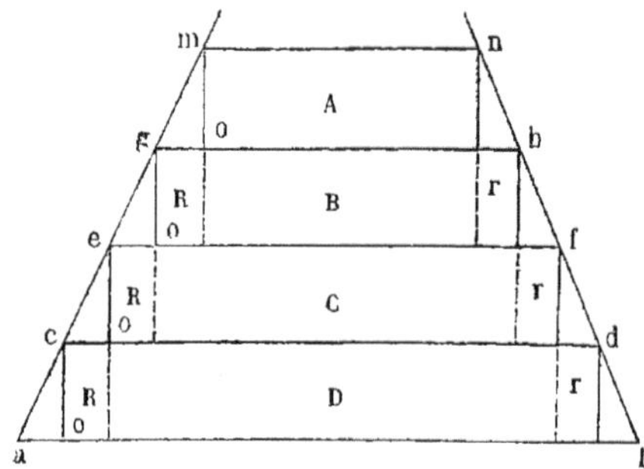

Fig. XVII

Soient ab, cd, ef, etc., les parallèles menées entre les lignes concourantes ; ces parallèles, à partir de mn, augmentent d'une quantité constante og, oe, oc, oa, du côté gauche, il en est de même du côté droit.

Les petits rectangles du même côté sont égaux, car ils ont des hauteurs égales par hypothèse, et leurs bases sont les mêmes, l'augmentation successive des parallèles.

Or le trapèze B contient de plus que A les rectangles R et r ;

Le trapèze C contient de plus que B les mêmes trapèzes ; ainsi des autres.

La différence de deux trapèzes consécutifs étant toujours la même (R+r), notre proposition se trouve démontrée.

36. COROLLAIRE. — *La distance des parallèles étant égale à l'unité, la surface des rectangles R+r formant la raison de la progression est égale à* (v+v')$\times$1, *la hauteur, ou* v+v' : *donc*

Un trapèze quelconque peut être considéré comme formé d'une série de trapèzes en progression par différence, dont la *raison* est la *somme* des éléments V des angles à la base.

Ce principe trouvera son application dans la division des triangles ou des quadrilatères, par des parallèles à la base.

OBSERVATIONS SUR LA TABLE

37. La *Table trigonométrique* contient quatre colonnes.

La première présente, par ordre, toutes les longueurs que l'on peut, dans la pratique, supposer à la base d'un triangle isocèle à côtés égaux de 10 mètres. Cette colonne se subdivise en deux, de manière à donner en même temps les cordes des deux angles supplémentaires.

38. Le *Coefficient* (demi-sinus) de la 2me colonne est la centième partie du triangle isocèle dont la base est à côté : c'est la surface du triangle isocèle semblable de dimensions dix fois moindres. Ce coefficient étant toujours une fraction décimale, on a pu, dans la table, supprimer le zéro qui tient la place des unités.

39. L'élément V. de la 3me colonne représente la variation par mètre de hauteur dans les parallèles à la base du triangle; cette variation ayant lieu ordinairement à droite et à gauche, *en moins* si l'angle est aigu, *en plus*, s'il est obtus, c'est-à-dire lorsque la *corde* est plus grande que 14^{m}14, corde de l'angle droit.

40. La 4me colonne donne, en *grades*, etc., la grandeur de l'angle opposé à la corde du sommet du triangle isocèle.

41. Le même coefficient correspondant à deux angles supplémentaires l'un de l'autre, correspond également à deux cordes : par exemple 0—44944, aux cordes de 10^{m}60 et de 16^{m}96.

42. Pour ces mêmes cordes, la parallèle à la base du triangle diminue de 0^{m}487 pour la première, et augmente de la même quantité pour la seconde, qui correspond à un angle obtus.

18

Pour les cordes :

de 10m60 et 12m45, la diminution $= 0{,}4875 + 0{,}2309 = 0{,}7184$,
de 10m60 et 15m65, il y a une diminution de 0,4875 et une augmentation de 0m2309, ou une diminution réelle de la différence, c'est-à-dire 0,2566.

43. On conçoit d'après cela que, dans la formule $S = \dfrac{B^2}{2(v+v')}$

il faut, lorsqu'un angle est obtus, diviser par la *double différence*, et non par la *double somme* des deux éléments v et v'.

USAGE DE LA TABLE

44. La manière de se servir de la Table ne peut offrir aucune difficulté dans une opération d'arpentage, où l'on n'a besoin que du coefficient correspondant à une corde connue, ou bien, mais rarement des éléments v et v' de deux angles adjacents à un même côté; mais il n'en est pas ainsi dans les calculs trigonométriques, qui ont pour objet de déterminer soit un côté soit un angle, au moyen de données suffisantes; il peut arriver alors que l'on tombe sur un coefficient, sur un angle intermédiaire entre deux autres de la Table.

Supposons donc que l'on ait à déterminer les éléments de la Table qui correspondent au coefficient 0-34051, qui tombe entre les cordes 7m30 et 7m31.

La diffférence des coefficients de ces deux cordes étant 40, et le coefficient 0-34051 contenant 30 de plus que la plus courte, on raisonne ainsi :

Pour 40 de différence, on a 1 de plus dans la corde ;

$$— \quad — \quad 1 \quad — \quad \frac{1}{40}$$

$$— \quad — \quad 30 \quad — \quad \frac{1\times30}{40} = 0\text{-}75 :$$

Donc la corde correspondante $= 7$m3075.
Même raisonnement pour la grandeur de l'angle.

Quant à l'élément V, ce procédé offre moins d'exactitude, et il ne faut y recourir que dans le cas de nécessité.

II

PARTIE PRATIQUE

——

45. Pour appliquer à l'Arpentage la méthode tachymétrique, il faut :

1º Placer des jalons au sommet de tous les angles du polygone à mesurer ;

2º Former, au moyen du décamètre, un triangle isocèle de 10 mètres de côté au point convenable, marquer très exactement par des jalons les extrémités de sa base, et mesurer cette base, ou corde avec soin.

3º Mesurer les autres lignes nécessaires, puis faire les calculs.

On sait que la chaîne doit être bien tendue et horizontale, entre les deux fiches d'avant et d'arrière, qu'elle doit toucher, au moment où l'arpenteur se dispose à lever cette dernière, et qu'il est prudent de jalonner, avant le mesurage des lignes d'une certaine longueur, afin de ne pas aller en zig-zag.

NOTA. — Dans notre dessin, nous indiquons la longueur des lignes qui doivent être mesurées sur le terrain, la longueur de la corde à l'intérieur du petit triangle, et le coefficient en dehors lorsque c'est possible.

Problème

46. *Trouver la surface du triangle* abc.

Solution

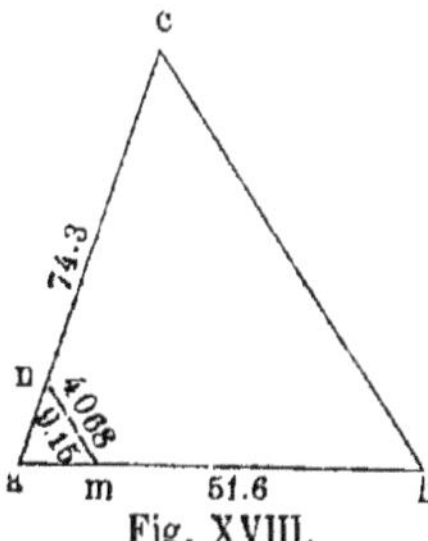

Après avoir placé des jalons en *a*, *b*, *c*, puis en *m* et *n*, à 10 mètres de *a*, et très exactement sur les lignes *ab*, *ac*, je mesure la corde *mn* que je trouve de 9ᵐ15 ; je mesure aussi *ac* et *bc* ; je cherche ensuite dans la table le coefficient de ma corde ou de l'angle *a*, et j'ai :

Surface : $abc = 51^m6 \times 74^m3 \times 0.4068 = 1559^{mm}62$, ou 15 ares 60 centiares.

Problème

47. Trouver la surface du triangle abc, *dont le seul côté* ab *est accessible.*

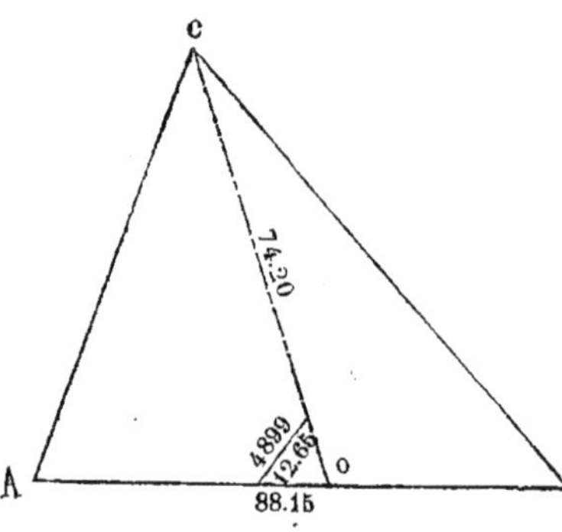

Fig. XIX.

solution

Je tire à volonté une ligne *oc* au sommet du triangle, je forme dans l'angle aigu, (ce qui est préférable), le triangle isocèle et j'en mesure la base, que jè trouve de 12ᵐ65, corde à laquelle correspond le coefficient 0.4899. Je mesure enfin *ab*, *oc*, et il en résulte (12) :

Surface : $abc = 88^m15 \times 74^m2 \times 0.4899 = 3204$ mètres quarrés, ou 32 ares 04.

Problème

48. Trouver la surface du triangle abc, *dans lequel on ne peut mesurer que la base* ab *et les cordes des angles y adjacents.*

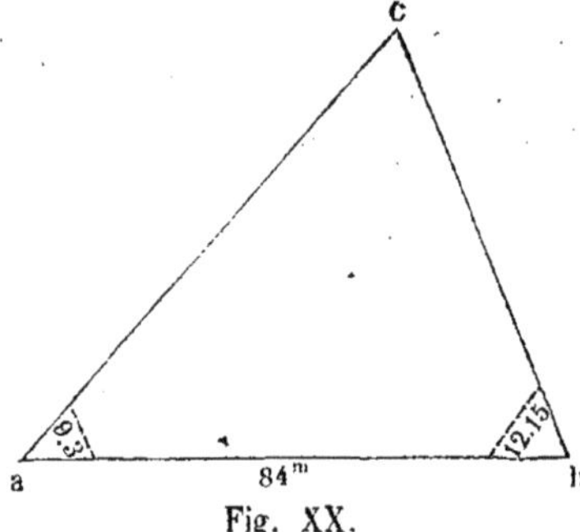

Fig. XX.

Solution

Je forme en *a* et *b* mes triangles isocèles, et je mesure les deux cordes que je trouve de 12ᵐ15 et 9ᵐ3, puis la base *ab* de 84ᵐ.

D'après la formule du nᵒ 20 :

$$S = \frac{84^m \times 84^m}{2\,(0.2713 + 0.6893)} = \frac{7056}{1.92} = 36 \text{ ares } 75 \text{ centiares.}$$

Problème

49. *Trouver la surface d'un quadrilatère* abcd, *accessible à l'intérieur.*

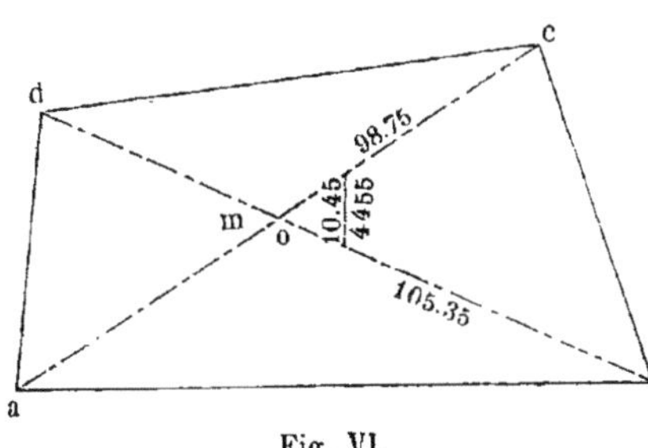

Fig. VI.

Solution

Je place plusieurs jalons sur les diagonales *ac, bd,* afin de déterminer plus facilement leur point de concours *o,* qui sera le sommet de mon triangle isocèle, je mesure la corde ainsi que les diagonales, et je trouve (13) :

Surface : *abcd* $= 105^m35 \times 98^m75 \times 0.4455 = 46$ ares 29 centiares.

Problème

50. *Trouver la surface du quadrilatère* abcd, *inaccessible à l'intérieur.*

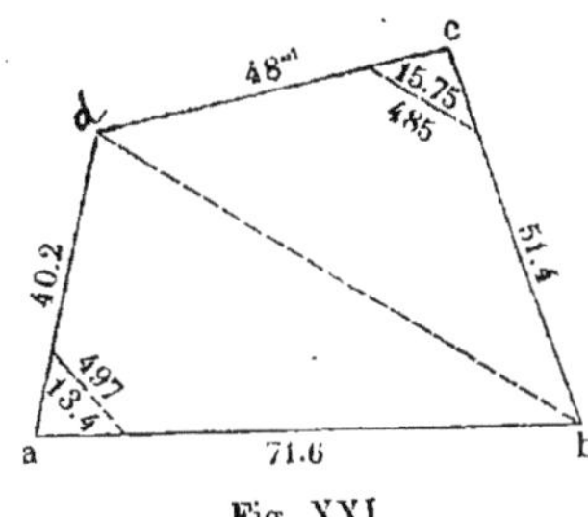

Fig. XXI.

Solution

Je divise, par la pensée, le terrain en deux triangles, *bda, bdc,* et j'évalue la surface de chacun d'eux d'après le n° 46, après avoir formé des triangles isocèles en deux points opposés. J'obtiens ainsi :

$$\text{Surface } abd = 71^m6 \times 40^m2 \times 0.497 = 14 \text{ ares } 30.56$$
$$bcd = 51.4 \times 48 \times 0.485 = 11 \qquad 96.59$$
$$\text{Surface totale de } abcd = 27 \text{ ares } 27.15$$

Problème

51. Trouver la surface du quadrilatère abcd *dans lequel on ne peut mesurer que les côtés* ab, ad, *et la diagonale* ac.

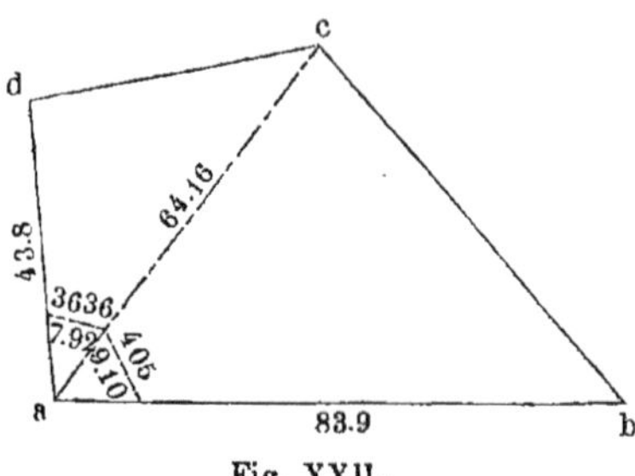

Fig. XXII-

Solution

Je forme au point a deux triangles isocèles, je mesure les lignes ab, ac, ad, et les cordes des deux angles en a, puis je cherche dans la table les coefficients correspondants; je trouve ainsi :

$$\text{Surface } cab = 64^\text{m}16 \times 83^\text{m}9 \times 0.405 = 21 \text{ ares } 81.11$$
$$\text{Surface } cad = 64.16 \times 43.8 \times 0.3636 = 10 \qquad 21.78$$
$$\text{Total pour } abcd. \qquad 32 \text{ ares } 02.89$$

Problème

52. Trouver la surface du quadrilatère abcd, *accessible seulement sur les côtés* ab, ad, *et dans les angles* a *et* b.

Solution

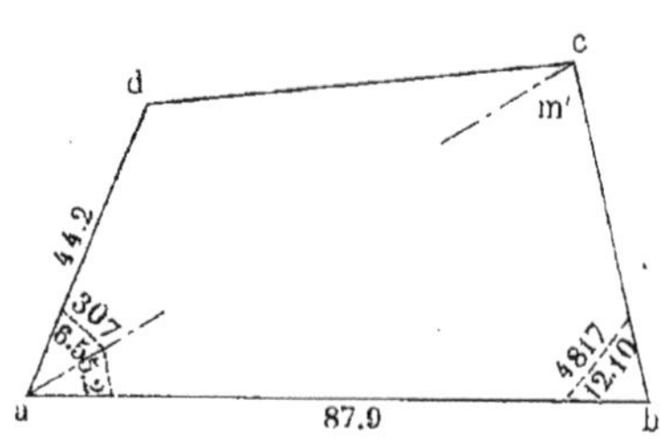

Fig. XXIII.

Cordes		Angles	
5	20	33	49
12	10	82	73
Suppl.		83	78
»	»	200	»

A 10^m du point a, je place des jalons dans les directions ab, ac, ad; je forme au point b un troisième triangle isocèle, puis je mesure les cordes ainsi que les lignes ab, ad. Le reste est une affaire de calcul.

D'abord :

$$acb = \frac{ab^2}{2(v+v')} \ (21) = \frac{87^\text{m}9 \times 87^\text{m}9}{2(1.722+0.278)} = \frac{7726^\text{m}41}{4} = 19 \text{ ares } 346.$$

Cherchons maintenant la diagonale ac (15) $= \dfrac{m \times ab}{m'}$

L'angle acb étant supplémentaire des deux autres, je cherche dans la table à quels angles correspondent les cordes 5ᵐ20 et 12ᵐ10 pour en déduire l'angle acb que je trouve de 83ᵍ78, dont le coefficient $= 0.4838$.

Ainsi $ac = \dfrac{0.4817 \times 87.9}{0.4838} = 87^\mathrm{m}51$;

Surface $cad = 87^\mathrm{m}51 \times 44^\mathrm{m}2 \times 0.307 = 11$ ares 87. 45.

Donc: $abcd = abc + cad = 19$ ares 316 $+ 11$ ares 87.45 $= 31$ ares 19 cent.

Problème

53. *Trouver la surface du polygone irrégulier* abcdef.

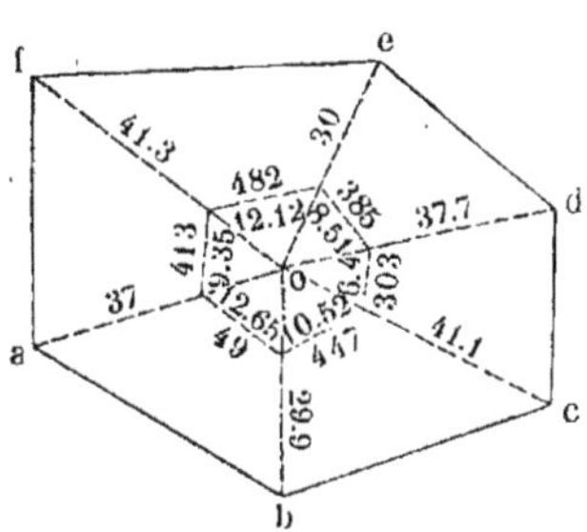

Fig. XXIV.

Solution

Le moyen le plus rapide d'obtenir la surface d'un polygone qui a de nombreux côtés, consiste à le décomposer en triangles aboutissant, soit au sommet du même angle, soit à un point intérieur qui devient le sommet d'autant de triangles isocèles. On évalue séparément chaque triangle, et l'on additionne les résultats.

Ainsi, pour le polygone qui nous occupe, du point o pris dans l'intérieur, j'imagine les lignes: oa, ob, oc, etc., menées au sommet de tous les angles; je forme mes triangles isocèles et je cherche la surface de chaque triangle par le procédé du n⁰ 46.

Figʳᵉˢ	Formule de la surface	Surfᶜᵉ		Angles	
				c	m
oab	$37 \times 29.9 \times 0.49$	5	42	87	188
obc	$29.9 \times 41.1 \times 0.447$	5	49	70	523
ocd	$41.1 \times 37.7 \times 0.303$	4	69	44	473
ode	$37.7 \times 30 \times 0.385$	4	35	55	96
oef	$41.3 \times 30 \times 0.482$	5	97	82	89
ofa	$41.3 \times 37 \times 0.413$	6	31	61	938
	Totaux	32	33	399	972

Pour preuve de l'opération, je note l'amplitude de l'angle correspondant à chaque corde le total doit donner 400 grades.

Le tableau ci-dessus, qui résume les opérations du calcul'

indique une erreur de 2 minutes 8 dixièmes sur la somme des six angles; c'est une erreur si faible, qu'il est permis de ne pas en tenir compte.

En prenant le point *o* à l'intersection de deux diagonales, on s'épargnerait la peine de mesurer, soit des angles opposés par le sommet, soit des angles supplémentaires.

Problème

54. *Mesurer, en opérant à l'extérieur, la corde de l'angle formé par deux murs.*

Solution

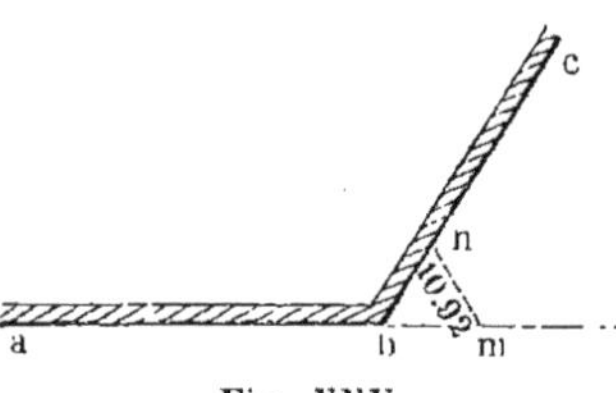

Fig. XXV.

Soit *abc* l'angle donné. Prolongeons de 10ᵐ, à l'aide de la chaîne ou d'un cordeau appliqué le long de la muraille, la face extérieure *ab*, jusqu'en *m*, et prenons *bn* également de 10 mètres : il ne restera plus qu'à mesurer *mn*. En admettant que cette dernière ligne soit de 10ᵐ92, la corde de l'angle supplémentaire sera de **16ᵐ755** (*voir la table*), qui correspond au même coefficient, 0.4574.

(Dans tous les cas où se présente un angle obtus, il est préférable de mesurer, comme ici, la corde de son supplément.)

On peut, par ce moyen, en s'appuyant sur l'exemple du nᵒ 50, trouver la surface d'un quadrilatère entouré de murs, sans pénétrer dans l'intérieur, et même celle d'un polygone quelconque.

Problème

55 *Connaissant dans un triangle* abc *la base* ab, *la direction du côté* bc *et la surface 18 ares 90, déterminer la position du sommet* c *qui est inconnue.*

Solution

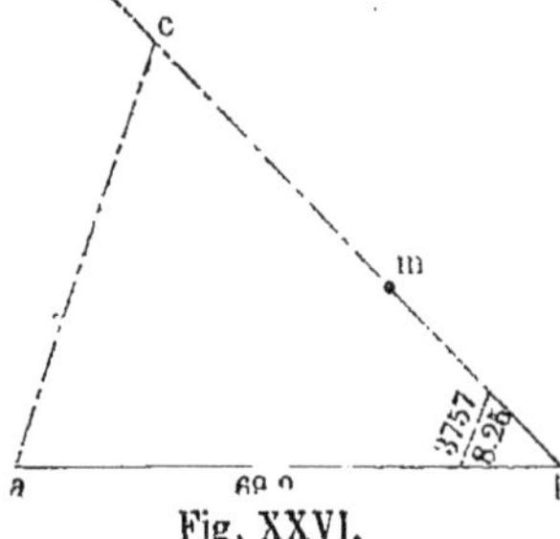

Fig. XXVI.

D'après l'énoncé du problème, on ne peut mesurer que la base du triangle; cependant la direction du côté *bc* étant déterminée, soit par une borne, soit par un arbre, *m*, il est possible de mesurer l'angle *b*. Supposons que sa corde soit de 8ᵐ25, il en résulte (9):

$$ab \times 0.3757 \times bc = 1890^{mm};$$

$$\text{et } bc = \frac{1890}{69.9 \times 0.3757} = 71^{m}97.$$

La position du point *c* étant ainsi fixée, il est facile de former le triangle.

56. Jusqu'ici les applications des principes se sont bornées au calcul des surfaces, objet presque exclusif de l'arpentage : nous allons maintenant nous occuper de la *Trigonométrie* proprement dite, afin d'arriver à la mesure des distances inaccessibles et à la solution de quelques autres problèmes intéressants.

Problème

57. *Connaissant dans le triangle* abc *les côtés* ab, ac, *et la corde de l'angle compris, trouver le côté* bc *ainsi que les angles* b *et* c.

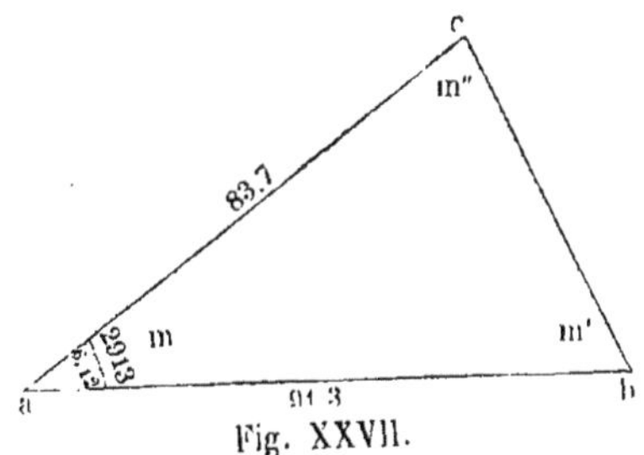

Fig. XXVII.

Solution

Cherchons d'abord m' (28) :

$$v + v' = \frac{ab}{2ac \times m} = \frac{91.3}{2 \times 83^m 7 \times 0.2913} = 1.8723$$

Retranchons V de l'angle a.

$$\frac{1.3049}{0.4774}.$$

Il reste pour V'

qui correspond à 71 grades 65.

Calculons bc (15) $= \dfrac{m \times ac}{m'} = \dfrac{0.2913 \times 83.7}{0.4512} = 54^m 036$

Enfin, $m'' = \dfrac{ab \times m}{bc} = \dfrac{91.3 \times 0.2913}{54.036} = 0.49218$, qui correspond à 88 grades 758.

Problème

58. *Connaissant dans le triangle* abc *la base* ab *et les cordes des angles adjacents, déterminer les côtés* ac, bc, *ainsi que l'angle* c.

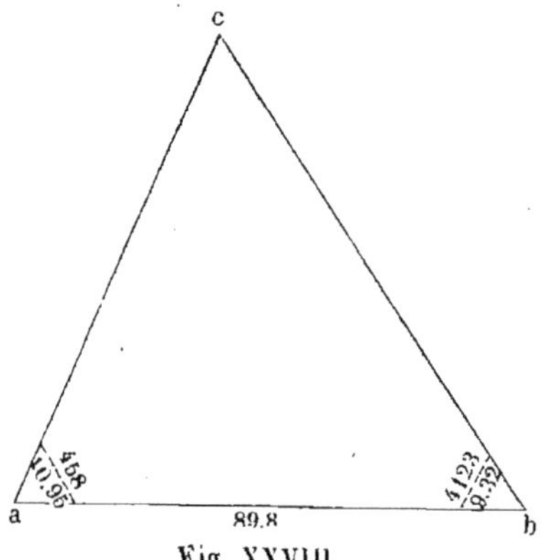

Fig. XXVIII

Solution

Cherchons dans la table les éléments correspondant aux cordes connues; nous trouvons :

$$\text{Angle } a = 73^{\mathrm{gr}}768$$
$$b = 61^{\mathrm{gr}}722$$

Donc $c = 64^{\mathrm{gr}}51$, dont le coefficient $= 0.424$.

$$\text{Or, } ac = \frac{m' \times ab}{m''} = \frac{0.4123 \times 89^{\mathrm{m}}8}{0.424} = 87^{\mathrm{m}}32$$

$$bc = \frac{m \times ab}{m''} = \frac{0.458 \times 89.8}{0.424} = 97^{\mathrm{m}}.$$

Problème

59. *Connaissant dans le triangle* abc *les côtés* ab, bc, *et l'angle* a *opposé à l'un d'eux, déterminer l'autre côté et les deux autres angles.*

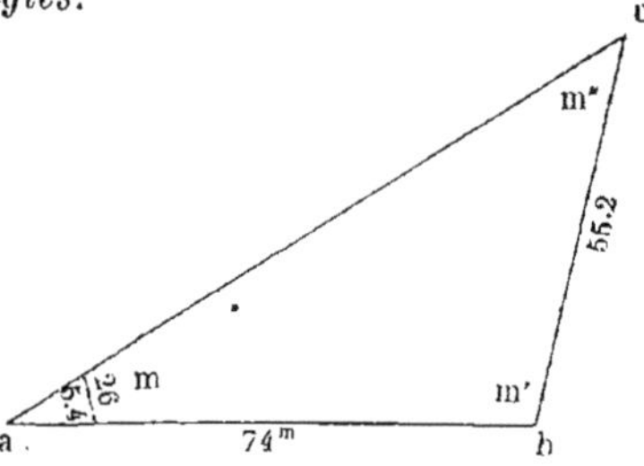

Fig. XXVIX.

Solution

Déterminons le coefficient de l'angle c (14).

$$m'' = \frac{ab \times m}{bc} = \frac{74 \times 0.26}{55.2} = 0.34855, \text{ coefficient de } 49^{\mathrm{g}}11'.$$

L'angle a étant de 34ᵍ81, il en résulte :
$b = 200^g = (a + c) = 200^g — 83^g92 = 116^g08$, dont le coefficient est 0.4841, coefficient de son supplément.

Or, $ac = \dfrac{m' \times bc}{m} = \dfrac{0.4841 \times 55.2}{0.26} = 102^m78$.

Problème

60. *Connaissant dans le triangle abc les cordes des angles* **a** *et* **c** *ainsi que le côté* **ab,** *trouver les trois autres éléments du triangle.*

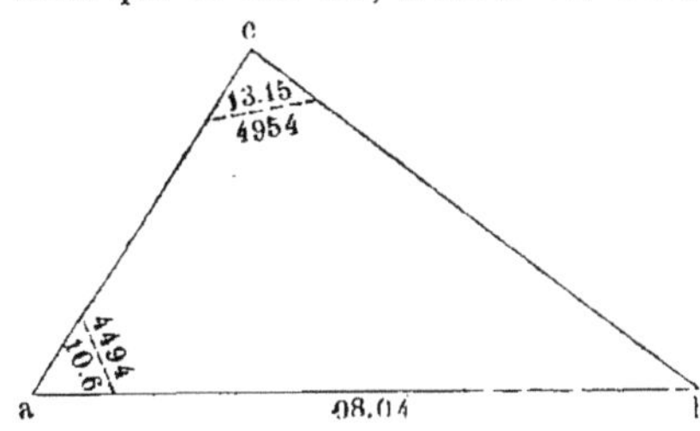

Fig. XXX.

Solution

Angle $a = 71^g123$

$c = 91.354$

Donc $b = 37.523$

dont le coefficient est de 0.2779.

Ainsi $bc = \dfrac{m \times ab}{m''} = \dfrac{0.4494 \times 98.04}{0.4954} = 88^m936$

$ac = \dfrac{m' \times ab}{m''} = \dfrac{0.2779 \times 98.04}{0.4954} = 54^m996$

Problème

61. *Trouver, en opérant à l'extérieur, la surface d'un polygone* abcdef, *entouré de murs.*

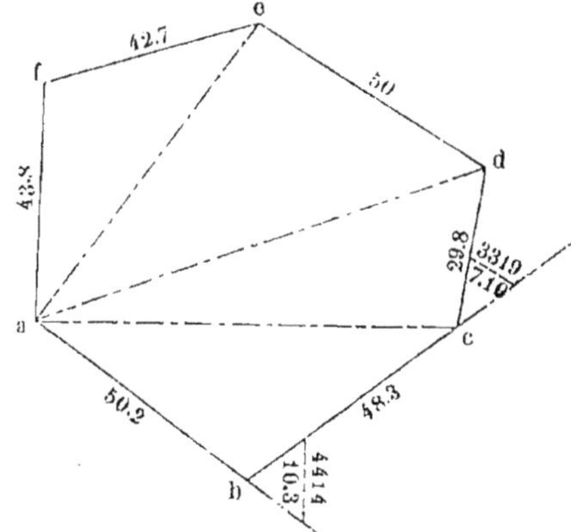

Fig. XXXI.

Solution

Angles			Coefficients		Côtés des triangles			Surface		
	gr	m							ares	
abc	131	12	0	4414	ac	84	44	abc		70
bca	35	17	0	2624				acd	10	04
bcd	153	79							12	

Je commence par faire le canevas du terrain, et je cote la longueur des côtés. Je prolonge, toujours dans le même sens, ces mêmes côtés, afin d'obtenir, par la mesure des angles extérieurs, celle de leurs suppléments à l'intérieur (54), ou, ce qui revient au même, les coefficients dont j'ai besoin pour trouver successivement la surface des triangles *abc*, *acd*, *ade*, etc., que j'imagine dans ce polygone.

Afin que le canevas ne soit pas surchargé de détails, je dresse dans la forme ci-dessus, un tableau des résultats obtenus, et je possède ainsi tous les éléments de la solution du problème.

TYPE DU CALCUL. — 1er Triangle *abc*.

Angle extérieur $b = 68^g88'$: donc le supplément *abc* $= 131^g12'$.

Pour l'angle *bca*, on a (28. 51) :

$$v - v' = \frac{bc}{2ab \times m'} = \frac{48^m3}{44.32158} = 1.08976$$

Ajoutons l'élément V de l'angle obtus *abc* $= 0.53182$

Nous aurons, pour l'élément V de *bca* $\quad\overline{1.62158,}\quad$ nombre qui correspond à un angle de 35^g17, et au coefficient 0.2624.

Donc $ac = \dfrac{m' \times ab}{m''} = \dfrac{0.4414 \times 50^m2}{0.2624} = 84^m44$.

Surface *abc* $= ab \times ac \times m' = 50^m2 \times 48^m3 \times 0.4414 = 10$ ares 70.

2e TRIANGLE *acd*.

Angle extérieur en *c*, d'après sa corde : $46^g21'$;

acd $= 200^g - (46^g21' + 35^g17') = 118^g62'$, dont le coefficient égal à celui de son supplément, $81^g38'$ est de 0.4787.

Connaissant *ac* et *cd* avec l'angle compris, nous pouvons trouver la surface du triangle

$$acd = 84^m44 \times 29^m8 \times 0.4787 = 12 \text{ ares } 04.$$

Les mêmes opérations se reproduisent pour les autres triangles.

MESURE DES DISTANCES INACCESSIBLES

Problème

62. *Trouver à quelle distance d'un arbre* m, *se trouve un observateur placé en* a.

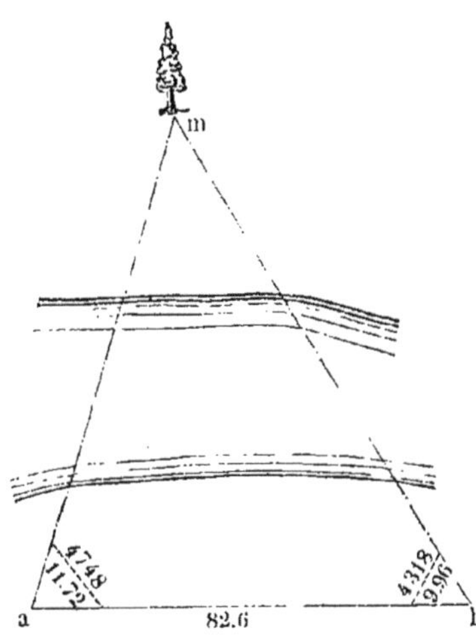

Fig. XXXII.

Solution

Prenons une droite quelconque, *ab*, dont nous marquerons les extrémités par des jalons, et faisons de l'arbre *m*, le sommet d'un triangle *abm*. Mesurons *ab* de même que les cordes des angles y adjacents.

Si l'on a :

Angle $a = 79\text{g}72'$.

$b = 66\text{g}37'$,

il en résultera que leur supplément *m* est de $53\text{g}91'$ dont le coefficient $= 0.3745$.

Par conséquent :

$$am = \frac{m' \times ab}{m''} = \frac{0.4318 \times 82.6}{0.3745} = 95^\text{m}24^\text{c}$$

Autre moyen

63. *Trouver la largeur d'une rivière que l'on ne peut pas traverser.*

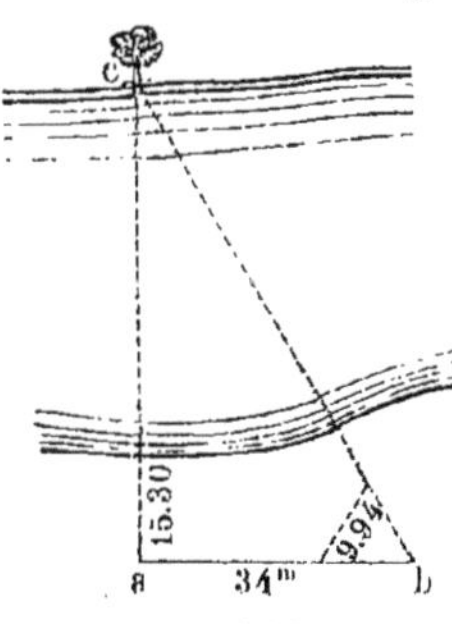

Fig. XXXIII.

solution

Le lieu d'observation étant en *a*, je prends sur le bord opposé de la rivière, pour servir de jalon, un objet quelconque assez visible, comme un pied d'arbre, une souche, etc., puis, je forme, au moyen de la chaîne, un angle droit *cab*, en prenant *ab* d'une longueur peu différente de *am*, pour plus d'exactitude. Cela fait, je mesure *ab* et la corde de l'angle *b* dont l'élément $r = 0.5866$.

30

$$\text{Or, } am = \frac{ab}{v} \ (23) = \frac{34}{0.5866} = 57^{m}96$$

ou bien :

$$am = \frac{m' \times ab}{m''} = \frac{0.5886 \times 34}{0.253} = 57^{m}96.$$

Retranchant de cette longueur 15^{m}30, distance à la rivière il reste 42^{m}66 pour la largeur demandée.

Problème

64. *Trouver la distance qui sépare deux points inaccessibles* m *et* n.

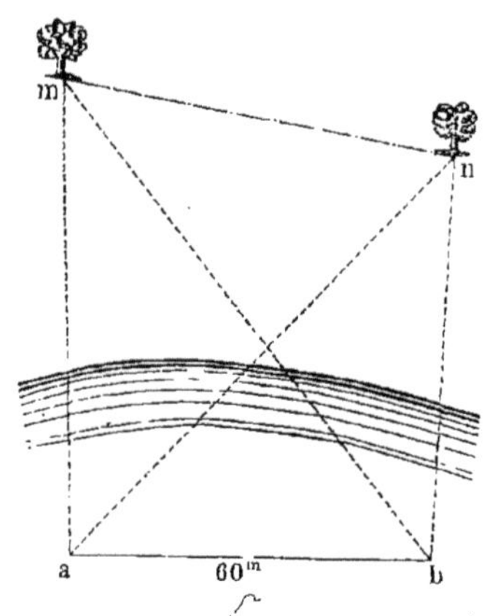

Fig. XXXIV.

Cordes		Angles			Coefficients		V		Côtés		
13	23	mab	107ᵍʳ	97'	0	49609			am	74	51
7	95	abm	52	05	0	36474					
		amb	39	98	0	2937					
9	24	man	61	15	0	40973	0	69937			
13	40	abn	106	52	0	49739			an	89	24
7	19	ban	46	82							
		anb	46	66	0	33452					
		anm	58	54	0	39766	0	76219			

Solution

Prenons une base *ab* à peu près égale et parallèle à *mn*, puis imaginons les lignes *am, an, bm, bn, mn*. Mesurons les cordes

des angles $m'ab$, abm, et dressons un tableau pour y inscrire les résultats dont nous pouvons avoir besoin :

$$am = \frac{m' \times ab}{m''} = \frac{0.3647 \times 60}{0.2937} = 74^{m}51.$$

Dans le triangle abn, $an = \frac{60 \times 0.49739}{0.33452} = 89^{m}24.$

Nous connaissons, dans le triangle man, deux côtés et l'angle compris : résolvons-le par application du n° 57.

On a, pour les angles a et n (27) :

$$v + v' = \frac{an}{2am \times 0.40973} = \frac{89.24}{61.0579} = 1.46156$$

Retranchons l'élément V de l'angle man 0.69937

Il reste, pour l'élément V de l'angle anm 0.76219

nombre qui correspond au coefficient 0.39766, par conséquent :

$$mn = \frac{0.40973 \times 74^{m}51}{0.39766} = 76^{m}77.$$

Nota. — Nous supposons que les points a, b, m, n, sont dans un même plan, ou à peu près : sans cela, le résultat trouvé serait d'autant moins exact que la différence de niveau serait plus grande entre eux.

APPLICATIONS A LA GÉODÉSIE.

Problème

65. *Tirer, dans le triangle* abc, *une ligne* cd *de manière que la surface* acd *soit de 7 ares 35 centiares.*

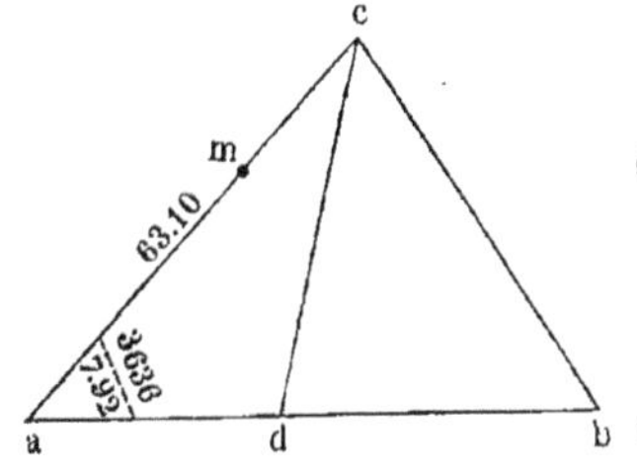

Fig. XXXV.

Solution

Je mesure ac et la corde de l'angle a.

Surface acd (9) $= ac \times ad \times m$.

Donc,

$$ad = \frac{S}{ac \times m} = \frac{735^{mm}}{63.1 \times 0.3636} = 32^{m}03.$$

32

L'opération ne présenterait pas plus de difficulté si la ligne de séparation, au lieu de partir du sommet *c*, devait partir d'un point quelconque, *m*, situé sur un des côtés : le diviseur serait alors : $am \times 0.3636$.

Problème

66. *Partager le quadrilatère* abcd *par une ligne partant du point* m, *de manière que la portion supérieure soit de 18 ares 25 centiares.*

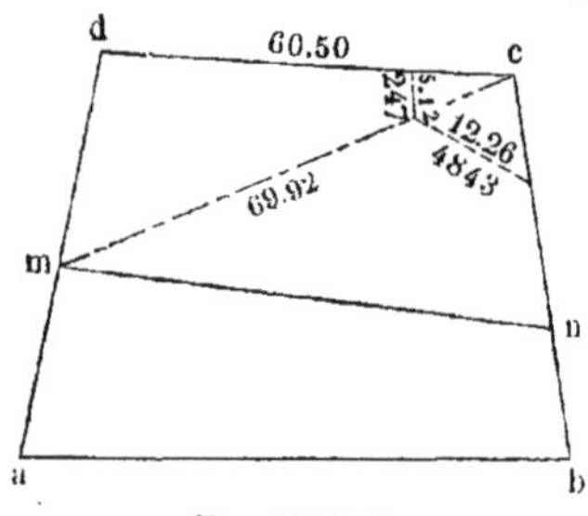

Fig. XXXVI.

solution

Je mesure *cd*, *cm*, ainsi que les cordes des deux angles en C :

Surface

$cdm = cd \times cm \times 0.2474 = $ 10 ares 46

Il reste pour *cmn*   7   79

Donc

$$cn = \frac{779^{mm}}{69.2 \times 0.4843} = 33^m24.$$

Problème

67. *Partager le triangle* abc *en trois parties équivalentes, par des perpendiculaires à sa base.*

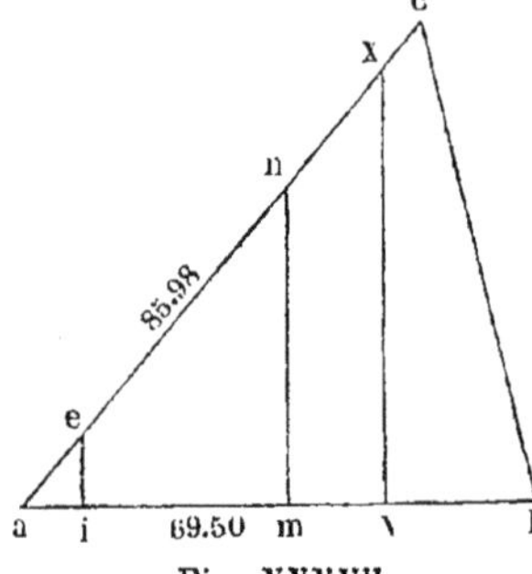

Fig. XXXVII.

solution

Soit la corde de l'angle $a = 9^m09$.

Son coefficient sera 0.4048, et son élément $V = 0.7248$.

Surface $abc = 69^m5 \times 85^m98 \times 0.4048 = $ 24 ares 19;

$$\frac{1}{3} abc = 8 \text{ ares } 063, \text{ et } \frac{2}{3} abc\ 16 = \text{ares } 126.$$

Appelons *amn* la première portion, *mnxv* la seconde, et cherchons la surface du triangle rectangle *aei* dans lequel le côté *ae* est de 10 mètres, nous aurons (22) :

$$ei = \frac{ai}{V}, \text{ et surface } aei = \frac{ai \times ei}{2} = \frac{ai^2}{2V}.$$

Or, les triangles semblables sont entre eux comme les quarrés de leurs côtés homologues, ainsi :

$$aei : amn :: ai^2 : am^2;$$

d'où

$$am^2 = \frac{ai^2 \times amn}{aei} = \frac{ai^2 \times amn \times 2V}{ai^2} = 2amn \times V$$

$$am = \sqrt{2amn \times V} = \sqrt{2S \times V}.$$

68. Enfin $am = \sqrt{2 \times 806^{mm}3 \times 0.7248} = 34^m18$

$$av = \sqrt{2 \times 1612^{mm}6 \times 0.7248} = 48^m35$$

$$mv = av - am \qquad\qquad = 14^m17$$

69. Pour trouver an et ax, remarquons que :

$$amn = am \times m \times an,$$

d'où $an = \dfrac{amn}{am \times m} = \dfrac{806^{mm}3}{34.18 \times 0.4048} = 58^m27$;

$$ax = \frac{avx}{av \times m} = \frac{1612^m6}{48.35 \times 0.4048} = 82^m40.$$

On conçoit que, dans le cas où ax devrait être plus grand que ac, il faudrait opérer pour la troisième portion comme pour la première, mais du côté de l'angle b : la seconde se composerait alors du terrain compris entre les deux autres.

Au reste, am et av une fois connus, on peut déterminer an et ax sans calcul au moyen de l'équerre.

Problème

70. *Tirer, dans le quadrilatère* abcd, *une parallèle à* ab *de manière à former un trapèze* abnm *de* 14 *ares* 60.

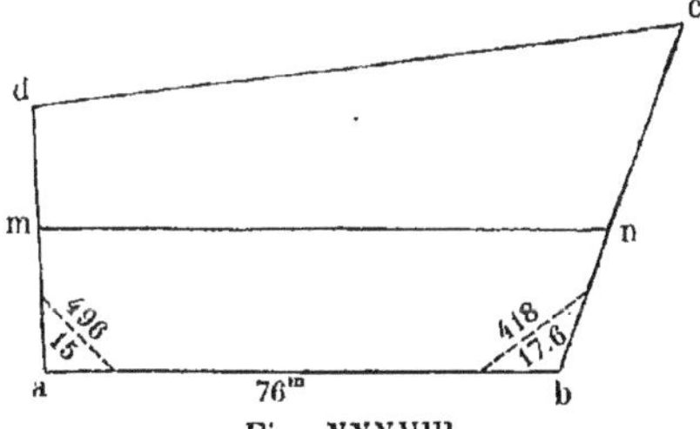

Fig. XXXVIII.

Sup. de a : corde, 13m22. Sup. de b : corde, 9m50.

Solution

Élément V du supplément de $a = 0.1258$

du supplément de $b = 0.6564$

Augmentation par mètre pour la parallèle $\overline{0.7822}$

Concevons la figure *abnm* comme formée d'une série de trapèzes de 1 mètre de hauteur, par exemple : Nous savons (34) que ces trapèzes forment une progression par différence dont la raison $R = v + v'$ ou 0.782 pour le cas actuel.

Rappelons-nous maintenant que dans toute progression par différence dont le premier terme est P, le dernier D, le nombre des termes N, et la somme S; on a pour la progression croissante : $D = P + R(n - 1) = P + Rn - R$.

$$S = \frac{(P + D)\,n}{2} = \frac{(2P + Rn - R)n}{2};$$

ou bien : $(2P + Rn - R)\,n = 2S$.

De cette équation sortiront successivement les suivantes :

$Rn^2 + 2Pn - Rn = 2S$, ou $Rn^2 + (2P - R)\,n = 2S$.

$$n^2 + \frac{(2P - R)n}{R} = \frac{2S}{R}.$$

71. $n = -\dfrac{(2P - R) + \sqrt{8SR + (2P - R)^2}}{2R}$, formule qui donne le nombre des termes de notre progression, c'est-à-dire la hauteur du trapèze *abnm*.

En substituant aux lettres les quantités qu'elles représentent dans notre problème, on trouve $n = 17^{m}61$.

On pourrait vérifier l'opération en calculant la longueur de $mn = 76^{m} + 0.782 \times 17^{m}61 = 89^{m}39$, et multipliant la demi-somme des bases par la hauteur, $17^{m}61$, ce qui donne effectivement 14 ares 60.

72. Dans le cas où la progression serait décroissante, on aurait :

$$n = \frac{2P + R - \sqrt{(2P + R)^2 - 8SR}}{2R}.$$

Les signes positifs se trouvent changés en leurs contraires, et réciproquement, mais les quantités, considérées avec leur valeur absolue, restent les mêmes.

APPLICATION

AUX POLYGONES RÉGULIERS

73. La méthode tachymétrique donne le moyen de calculer très-rapidement la surface et les côtés des polygones réguliers, de même que les rayons des cercles inscrit et circonscrit.

74. On sait que :

1° Tout polygone régulier peut se décomposer en autant de triangles isocèles égaux qu'il a de côtés, ces triangles ayant leur sommet au centre du polygone, qui est en même temps celui des polygones inscrit et circonscrit ;

75. 2° Les polygones réguliers d'un même nombre de côtés étant des figures semblables, ont leurs côtés proportionnels aux rayons de ces mêmes cercles et leurs surfaces proportionnelles aux quarrés de ces mêmes rayons ;

76. 3° Le nombre des côtés du polygone étant n, on a :

$$\text{angle au centre} = \frac{400^{g}}{n} \; ;$$

$$\text{angle à la base} = \frac{200^{g} \, (n - 2)}{n} .$$

Ces principes étant connus, passons aux applications.

Problème

77. *Trouver la surface de l'hexagone régulier inscrit.*

Solution

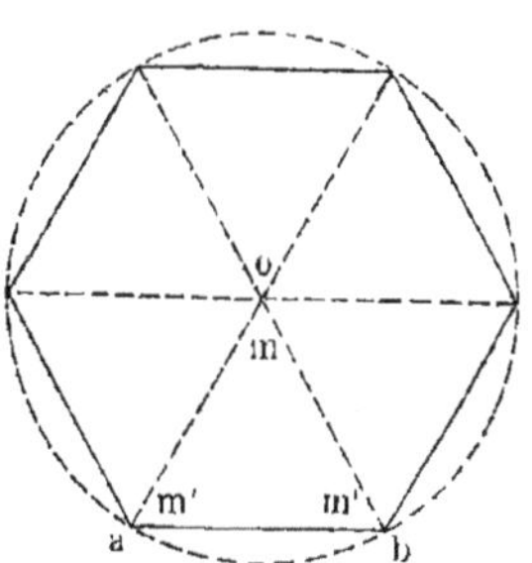

Fig. XXXIX.

Angle $aob = \dfrac{400^{g}}{6} = 66^{g}66'$, qui a pour coefficient 0.433.

Donc,

$$aob = oa \times ob \times 0.433 = R^{2}m$$

Surface de l'hexagone =

$$6aob = 6R^{2}m = mnR^{2}.$$

En d'autres termes, *la surface d'un des triangles isocèles est égale au quarré du rayon multiplié par le coefficient de l'angle au centre, et celle du polygone entier au produit de cette surface par le nombre des côtés.*

(Le côté de l'hexagone régulier est égal au rayon du cercle inscrit.)

78. En supposant $R = 1$, la surface du triangle oab est égale au coefficient de l'angle au centre; celle du polygone de n côtés est de n fois ce coefficient.

Si R est différent de 1, il faut multiplier par R^2 la surface précédente (75).

79. La corde, pour 1 mètre de rayon, sera nécessairement 10 fois plus petite que celle de notre table correspondante au même angle.

80.   **Tableau pour les Polygones de 1ᵐ de rayon**

Nombre des côtés	Angle au centre		Corde ou côté		Coefficient		Surface du triangle		polygone		Observations
	gr	min.									
3	133	33	1	732	0	433038	0	433038	1	299114	Ce tableau pouvant s'étendre à volonté, nous en proposons la continuation comme sujet d'exercices.
4	100	»	1	414	0	5	0	5	2	»	
5	80	»	1	1756	0	475534	0	475534	2	37767	
6	66	66	1	»	0	433	0	433	2	598	
8	50	»	0	76536	0	35355	0	35355	2	8284	
10	40	»	0	6181	0	29389	0	29389	2	9389	

Problème

81. *Trouver la surface du pentagone régulier inscrit dans un cercle de 3 mètres de rayon.*

solution

$$S = 2^{\mathrm{m}}37767 \times 3^2 \text{ ou } 9 = 21^{\mathrm{mm}}39903.$$

Problème

82. *Quel sera, dans un cercle de 3ᵐ5 de rayon :*

1º *Le côté du triangle équilatéral inscrit ?*

solution

$$x = 1^{\mathrm{m}}732 \times 3^{\mathrm{m}}5 = 6^{\mathrm{m}}62,$$

2° *Le côté du pentagone régulier inscrit ?*

Solution

$$x = 1.1756 \times 3^m5 = 4^m1146.$$

Problème

83. *Le côté d'un décagone régulier étant de 6^m4, on demande :*

1° *Le rayon du cercle circonscrit ?*

Solution

$$x = \frac{6.40}{0.618} = 10^m356.$$

2° *La surface du décagone ?*

Solution

$$S = 2^m9389 \times \overline{10^m356}^2 = 315^{mm}1783.$$

Problème

84. *La surface d'un octogone régulier étant de 75 mètres quarrés, on demande :*

1° *Le rayon du cercle inscrit ?*

Solution

$$R = \sqrt{\frac{75}{2.8284}} = 5^m149.$$

2° *Le côté de l'octogone ?*

Solution

$$x = \sqrt{\frac{75}{2.8284}} \times 0.76537 = 3^m94119.$$

En effet, les surfaces étant entre elles comme les quarrés des rayons, il en résulte que *les rayons sont entre eux comme les racines quarrées des surfaces.*

Soit R le rayon demandé, on a : $1^2 : R^2 :: 2^{mm}8284 : 75^{mm}$.

De là, $R^2 = \dfrac{75^{mm}}{2.8284}$ et $R = \sqrt{\dfrac{75^{mm}}{2.8284}} = 5^m149$.

On aura de même pour le côté :

$$X : 0.76537 :: \sqrt{75} : \sqrt{2.8284},$$

$$\text{ou } X = \frac{\sqrt{75} \times 0.76537}{\sqrt{2.8284}} = \sqrt{\frac{75}{2.8284}} \times 0.76537 = 3^{m}941196.$$

Autre Solution

85. Le côté de l'octogone se déduirait encore de la formule $S = \frac{B^2}{4V}$ (23), d'où l'on a : $B = \sqrt{S \times 4V}$.

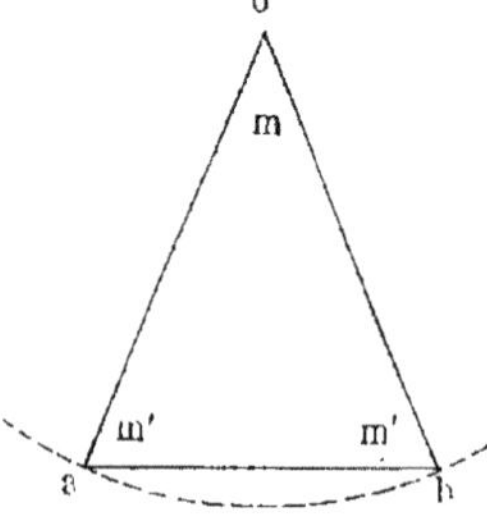

Fig. XL.

En effet, soit ab le côté de l'octogone, et oab un des huit triangles qui le composent, on a :

Surface : $oab = \frac{75}{8} = 9^{mm}375$.

L'angle à la base du triangle

$$= \frac{200^g - 50^g}{2} = 75 \text{ Grades,}$$

et son élément $v = 0.41425$.

Ainsi, $B^2 = 9^{mm}375 \times 0.41425 \times 4 = 15.534375$;

B (côté de l'octogone) $= \sqrt{15.534375} = 3^{m}9443$, résultat un peu supérieur au précédent.

Théorème

86. *Le côté d'un polygone régulier inscrit est égal au coefficient de son angle au centre, divisé par celui du demi-angle à la base, quand le rayon est l'unité.*

Démonstration

Soit ab le côté du polygone;

$oa = ob$ le rayon du cercle circonscrit;

m le coefficient de l'angle au centre;

m' celui des angles oab, oba, moitiés des angles en a et en b du polygone, on a :

$$\text{Surface } oab = \begin{cases} oa \times ob \times m = R^2\, m = m \\ oa \times ab \times m' = Rm' \times ab = ab \times m'; \end{cases}$$

Ainsi, $ab \times m' = m$; par conséquent, $ab = \frac{m}{m'}$.

PROBLÈMES

ET EXERCICES DE RÉCAPITULATION

87. *Trouver les inconnues laissées en blanc dans les tableaux suivants.*

ANGLES						COTÉS						SURFACE DU TRIANGLE	
a		b		c		ab		ac		bc			
g	m	g	m	g	m	m	c	m	c	m	c	ares	centiares
68	44	73	»	»	»	82	30						
82	17	»	»	»	»	73	70	»	»	56	80		
51	70	»	»	»	»	103	50	»	»	38	75		
65	20	»	»	»	»	63	85	80	90	»	»		
70	»	»	»	86	20	123	45	»	»	»	»		
»	»	»	»	»	»	54	»	72	»	90	»		
»	»	»	»	»	»	62	35	87	50	53	80		

88. **Triangles rectangles en Λ.**

ANGLE						COTÉS						SURFACE DU TRIANGLE	
a		b		c		ab		ac		bc			
g	′	g	′	g	′							ares	centiares
»	»	37	25	»	»	48	70	»	»	»	»		
»	»	»	»	67	40	»	»	68	35	»	»		
»	»	»	»	»	»	35	92	48	60	»	»		
»	»	»	»	»	»	71	35	91	48	»	»		
»	»	30	80	»	»	»	»	»	»	78	30		
»	»	»	»	»	»	93	40	»	»	»	»	31	25
»	»	»	»	47	25	»	»	»	»	»	»	38	75

89. **Polygones réguliers inscrits.** ($R = 1$ mètre).

Nombre des côtés	ANGLE		COEFFICIENT		Côté	Périmètre	Surface
	au centre	à la base	m	m'			
7							
9							
12							
15							
etc.							

On pourra continuer ce tableau pour les polygones de 16, 18, 20, 24, 25. etc. côtés

90. **Polygones réguliers.**

Nombre de côtés	PÉRIMÈTRE		SURFACE		COTÉ		RAYON	
5	26	80	»	»	»	»	»	»
5	2	75	»	»	»	»	»	»
6	»	»	30	90	»	»	»	»
6	»	»	312	20	»	»	»	»
8	»	»	»	»	16	80	»	»
8	»	»	»	»	0	70	»	»
10	4	65	»	»	»	»	»	»
10	0	38	»	»	»	»	»	»
12	»	»	137	60	»	»	»	»
12	»	»	1	40	»	»	»	»
15	»	»	»	»	2	15	»	»
15	»	»	»	»	0	32	»	»
16	26	35	»	»	»	»	»	»
20	»	»	20	60	»	»	»	»
24	»	»	»	»	0	25	»	»
24	»	»	»	»	»	»	6	25

ERREURS CORRIGÉES

—

Nº 35, avant dernier alinéa : Le trapèze C contient de plus que B les mêmes *rectangles*, etc.

Page 27, 2ᵉ ligne : $b - 200^g - (a + c) =$ etc.

— — **4ᵉ ligne** : $\dfrac{0.4844 \times 55.2}{0.26} = 102^m78$.

Nº 64 : au lieu de 13^m23 (corde du supplément), lire 14^m998.

— — 13^m40 (—) — 14^m847.

Corde	Coefficient	Variation	Corde	Coefficient	Angle
1 75	»	6 6485	10 70		71 875
1 78	»	6 5510	71		95
1 84	»	6 3655	72		72 025
2 14	»	4 5923	73		101
3 35	»	2 8579	74		176
4 57	»	2 0130	75		252
4 85	23526	» »	76		327
4 92	»	1 8432	11 14	46260	
5 56	»	1 5830	12 65	48991	
10 53	»	0 4978	14 »	49990	

TABLE TRIGONOMÉTRIQUE

Le coefficient est une fraction décimale dans laquelle on a omis à dessein le zéro des unités.

Cordes m.	Cordes c.	m.	c.	Coeffic.	Variation	Angle g.	Angle
0	01			0005		0	0637
	02			0010			127
	03			0015			191
	04			0020			255
	05			0025			318
	06			0030			382
	07			0035			446
	08			0040			509
	09			0045			573
	10			0050			637
	11			0055			70
	12			0060			764
	13			0065			828
	14			0070			891
	15			0075			955
	16			0080		1	018
	17			0085			082
	18			0090			145
	19			0095			209
	20			0100			273
	21			0105			336
	22			0110			40
	23			0115			464
	24			0120			527
	25			0125			591
	26			0130			655
	27			013498			719
	28			013998			782
	29			014498			846
	30			014998			91
	31			015498			974
	32			015998		2	037
	33			016497			101
	34			016997			165
	35			017497			229
	36			017997			292
	37			018497			356
	38			018996			42
	39			019496			483
	40			019996			547
	41			020496			611
	42			020995			675
	43			021495			738
	44			021995			802
	45			022494			866
	46			022994			929
	47			023493			993
	48			023993		3	057
	49			024492			121
	50			024992			184

Cordes m.	Cordes c.	m.	c.	Coeffic.	Variation	Angle g.	Angle
0	51			025492		3	248
	52			025991			312
	53			026491			375
	54			026990			439
	55			027490			503
	56			027989			566
	57			028488			63
	58			028988			694
	59			029487			757
	60			029986			82
	61			030486			884
	62			030985			947
	63			031484		4	011
	64			031983			075
	65			032483			138
	66			032982			202
	67			033481			266
	68			033980			33
	69			034479			393
	70			034978			457
	71			035477			522
	72			035976			586
	73			036476			649
	74			036975			713
	75			037473			777
	76			037972			841
	77			038471			904
	78			038970			968
	79			039469		5	031
	80			039968			094
	81			040467			158
	82			040965			222
	83			041464			285
	84			041963			349
	85			042461			413
	86			042960			477
	87			043459			54
	88			043957			604
	89			044456			668
	90			044954			731
	91			045453			795
	92			045951			859
	93			046450			923
	94			046948			986
	95			047446		6	051
	96			047945			115
	97			048443			178
	98			048941			242
	99			049439			306
1	00			049937			369

TABLE TRIGONOMÉTRIQUE

*Le coefficient est une fraction décimale dans laquelle on a omis à dessein
le zéro des unités.*

Cordes			Coeffict.	Variation		Angle	
c,	m,	c,				g,	
1 01			05043	9	86318	6	433
02			05093		76556		497
03			05143		67019		560
04			05193		57646		624
05			05243		48450		688
06			05293		39425		752
07			05343		30394		815
08			05392		21874		879
09			05442		13339		943
10			05492		04956	7	006
11			05541	8	96747		07
12			05591		88653		134
13			05641		80708		198
14			05691		72917		261
15			05741		65245		325
16			05790		57945		389
17			05840		50304		453
18			05890		43015		516
19			05939		35875		58
20			05989		28750		644
21			06039		21904		708
22			06089		15095		771
23			06138		08396		835
24			06188		01790		899
25			06238		95302		963
26			06288	7	88910	8	027
27			06337		82629		091
28			06387		76439		154
29			06437		70356		218
30			06486		64353		282
31			06536		58441		346
32			06586		52618		44
33			06635		46880		473
34			06685		41239		537
35			06735		35669		601
36			06784		30190		665
37			06834		24780		729
38			06884		19458		792
39			06933		14201		856
40			06983		09022		92
41			07033		03917		984
42			07082	6	98887	9	048
43			07132		93928		111
44			07181		89034		175
45			07231		84207		239
46			07281		79446		303
47			07330		74749		367
48			07380		70114		431
49			07429		65540		494
50			07479		61026		558

Cordes			Coeffict.	Variation		Angle	
m, c,	m,	c,				g,	
1 51			07528	6	5658	9	622
52			07578		5218		686
53			07628		4784		75
54			07677		4356		814
55			07727		3933		878
56			07776		3516		942
57			07826		3104	10	006
58			07875		2697		07
59			07925		2296		134
60			07974		1899		197
61			08024		1506		261
62			08073		1119		325
63			08123		0737		389
64			08172		0359		453
65			08222	5	9985		517
66			08271		9617		581
67			08321		9252		645
68			08370		8892		708
69			08420		8536		772
70			08469		8184		836
71			08519		7836		90
72			08569		7493		964
73			08618		7153	11	028
74			08667		6817		091
75			08716		6449		155
76			08766		6156		219
77			08815		5831		283
78			08865		5519		347
79			08914		5192		411
80			08964		4878		475
81			09013		4568		539
82			09062		4260		603
83			09112		3956		667
84			09161		3657		731
85			09210		3355		795
86			09260		3065		858
87			09309		2773		922
88			09358		2486		986
89			09408		2199	12	05
90			09457		1917		114
91			09506		1637		179
92			09556		1361		243
93			09605		1087		307
94			09654		0814		371
95			09704		0548		435
96			09753		0283		499
97			09802		0020		563
98			09851	4	9759		627
99			09901		9502		691
2 «			09950		9246		755

TABLE TRIGONOMÉTRIQUE

Le coefficient est une fraction décimale dans laquelle on a omis à dessein le zéro des unités.

Cordes.				Coeffic^t.	Variation		Angle.	
m	c,	m,	c,				g,	
2	01	19	898	09999	4	8995	12	819
	02		897	10048		8745		883
	03		896	10098		8497		946
	04		895	10147		8251	13	01
	05		894	10196		8008		074
	06		893	10245		7768		138
	07		892	10294		7530		202
	08		891	10344		7293		266
	09		890	10393		7059		33
	10		889	10442		6828		394
	11		888	10491		6599		458
	12		887	10540		6371		522
	13		886	10589		6146		586
	14		885	10639		5223		65
	15		884	10688		5701		714
	16		883	10737		5482		778
	17		882	10786		5265		842
	18		880	10835		5050		906
	19		879	10884		4837		97
	20		878	10933		4626	14	034
	21		876	10982		4416		098
	22		875	11031		4208		162
	23		874	11080		4003		226
	24		873	11130		3799		29
	25		872	11179		3596		354
	26		871	11228		3396		448
	27		870	11277		3197		482
	28		869	11326		3000		547
	29		867	11375		2805		611
	30		866	11424		2611		675
	31		865	11473		2419		739
	32		864	11522		2229		803
	33		863	11571		2040		867
	34		862	11620		1853		931
	35		861	11669		1667		995
	36		860	11718		1483	15	059
	37		859	11766		1300		123
	38		857	11815		1119		187
	39		856	11864		0939		251
	40		855	11913		0761		315
	41		854	11962		0585		38
	42		853	12011		0409		444
	43		852	12060		0235		508
	44		850	12109		0063		572
	45		849	12158	3	9892		636
	46		848	12207		9723		70
	47		847	12255		9554		764
	48		846	12304		9387		829
	49		845	12353		9221		893
	50		843	12402		9057		957

Cordes.				Coeffic^t.	Variation		Angle.	
m	c,	m,	milli				g,	
2	51	19	842	12451	3	8893	16	022
	52		841	12500		8731		086
	53		840	12548		8571		15
	54		838	12597		8411		215
	55		837	12646		8253		279
	56		836	12695		8096		343
	57		834	12743		7940		407
	58		832	12792		7785		471
	59		831	12841		7632		536
	60		830	12890		7480		60
	61		829	12938		7328		664
	62		828	12987		7178		728
	63		827	13036		7029		793
	64		825	13085		6882		857
	65		824	13133		6735		921
	66		823	13182		6589		985
	67		821	13230		6444	17	049
	68		820	13279		6301		113
	69		819	13328		6158		177
	70		817	13376		6017		242
	71		816	13425		5876		306
	72		814	13474		5737		37
	73		813	13522		5598		435
	74		811	13571		5461		499
	75		810	13619		5324		563
	76		808	13628		5189		627
	77		807	13716		5054		691
	78		806	13765		4920		755
	79		804	13814		4787		819
	80		803	13862		4656		884
	81		801	13911		4525		948
	82		800	13959		4395	18	013
	83		798	14008		4266		077
	84		797	14056		4137		141
	85		795	14105		4010		205
	86		794	14153		3883		27
	87		792	14201		3758		332
	88		791	14250		3633		396
	89		789	14298		3509		46
	90		788	14347		3386		527
	91		786	14395		3263		591
	92		785	14444		3142		655
	93		783	14492		3021		72
	94		782	14540		2901		784
	95		780	14589		2782		848
	96		779	14637		2663		913
	97		777	14685		2546		977
	98		776	14734		2429	19	041
	99		775	14782		2313		106
3	»		773	14830		2198		171

TABLE TRIGONOMÉTRIQUE

Le coefficient est une fraction décimale dans laquelle on a omis à dessein le zéro des unités.

m	c,	m,	milli	Coeffic.		Variation	gr	Angle
3	01	19	771	14879	3	2083	19	235
	02		770	14927		1969		30
	03		768	14975		1856		364
	04		767	15023		1744		428
	05		765	15072		1632		493
	06		764	15120		1521		557
	07		762	15168		1411		622
	08		761	15216		1301		686
	09		759	15265		1191		75
	10		758	15313		1082		815
	11		756	15361		0976		879
	12		755	15409		0869		944
	13		753	15457		0763	20	008
	14		752	15505		0657		073
	15		750	15553		0553		137
	16		749	15602		0448		202
	17		747	15650		0345		266
	18		746	15698		0242		331
	19		744	15746		0139		395
	20		742	15794		0037		46
	21		740	15842	2	9936		524
	22		738	15890		9835		589
	23		736	15938		9735		653
	24		735	15986		9636		718
	25		734	16034		9537		782
	26		732	16082		9439		847
	27		731	16130		9341		911
	28		730	16178		9244		976
	29		728	16226		9147	21	04
	30		726	16274		9051		105
	31		724	16322		8956		17
	32		722	16370		8860		234
	33		721	16418		8767		299
	34		719	16465		8673		363
	35		718	16513		8576		428
	36		716	16561		8487		492
	37		714	16609		8395		557
	38		712	16657		8303		622
	39		710	16705		8212		686
	40		709	16752		8121		751
	41		707	16800		8031		815
	42		705	16848		7942		88
	43		704	16896		7852		944
	44		702	16944		7764	22	009
	45		700	16991		7675		074
	46		698	17039		7588		138
	47		697	17087		7500		203
	48		695	17135		7414		268
	49		693	17182		7328		332
	50		691	17230		7242		397

m	c,	m,	milli	Coeffic.		Variation	gr	Angle
3	51	19	690	17278	2	7157	22	462
	52		688	17325		7072		526
	53		686	17373		6987		591
	54		684	17421		6903		656
	55		682	17468		6820		72
	56		680	17516		6737		785
	57		678	17563		6654		85
	58		676	17611		6572		914
	59		674	17659		6490		979
	60		673	16706		6409	23	044
	61		671	17754		6328		108
	62		669	17801		6248		173
	63		667	17849		6168		238
	64		665	17896		6088		303
	65		663	17943		6009		367
	66		662	17991		5931		432
	67		660	18038		5862		497
	68		658	18086		5774		562
	69		656	18133		5696		626
	70		654	18181		5619		691
	71		652	18228		5543		756
	72		650	18275		5466		82
	73		648	18323		5390		885
	74		646	18370		5315		95
	75		645	18417		5239	24	015
	76		643	18465		5165		080
	77		641	18512		5090		145
	78		639	18559		5016		210
	79		637	18607		4942		275
	80		635	18654		4869		340
	81		633	18701		4796		404
	82		631	18748		4724		469
	83		630	18796		4651		534
	84		628	18843		4579		599
	85		626	18890		4507		664
	86		624	18937		4436		729
	87		622	18984		4365		794
	88		620	19031		4295		859
	89		618	19078		4225		924
	90		616	19125		4155		989
	91		614	10173		4085	25	053
	92		612	19220		4016		118
	93		610	19267		3947		183
	94		608	19314		3880		248
	95		605	19361		3810		313
	96		603	19408		3743		378
	97		601	19455		3675		443
	98		599	19502		3608		508
	99		597	19549		3543		573
4	«		595	19596		3474		638

TABLE TRIGONOMÉTRIQUE

Le coefficient est une fraction décimale dans laquelle on a omis à dessein le zéro des unités.

Cordes				Coeffic.	Variation		Angle		Cordes				Coeffic.	Variation		Angle	
m.	c.	m.	c.				g.		m.	c.	m.	c.				g.	
4	01	19	593	19643	2	3408	25	703	4	51	19	485	21969	2	0446	28	961
	02		591	19690		3342		768		52		482	22015		0392	29	026
	03		589	19737		3276		833		53		480	22061		0339		092
	04		587	19784		3211		898		54		477	22107		0286		157
	05		585	19830		3146		963		55		475	22153		0234		222
	06		583	19877		3081	26	028		56		472	22199		0182		288
	07		581	19924		3017		093		57		470	22245		0126		353
	08		579	19971		2953		158		58		467	22291		0078		419
	09		577	20018		2889		223		59		465	22337		0026		484
	10		575	20065		2825		288		60		463	22383	1	9975		549
	11		573	20111		2762		353		61		461	22429		9924		615
	12		571	20158		2699		418		62		458	22475		9873		68
	13		569	20205		2636		483		63		456	22521		9822		746
	14		567	20252		2574		548		64		453	22567		9771		811
	15		565	20298		2511		613		65		450	22613		9721		876
	16		563	20345		2450		678		66		448	22659		9671		942
	17		560	20392		2388		743		67		445	22704		9621	30	007
	18		558	20438		2327		808		68		443	22750		9571		073
	19		556	20485		2265		873		69		441	22796		9522		138
	20		554	20532		2205		938		70		439	22842		9472		204
	21		552	20578		2144	27	004		71		437	22887		9423		269
	22		550	20625		2084		069		72		434	22933		9374		335
	23		547	20671		2024		134		73		432	22979		9325		40
	24		545	20718		1964		199		74		429	23025		9276		466
	25		543	20765		1905		264		75		427	23070		9228		531
	26		540	20811		1846		328		76		424	23116		9180		597
	27		538	20858		1787		395		77		422	23161		9132		662
	28		536	20904		1728		46		78		419	23207		9084		728
	29		534	20951		1670		525		79		417	23253		9036		794
	30		532	20997		1611		59		80		415	23299		8988		859
	31		530	21044		1553		655		81		413	23344		8941		925
	32		528	21090		1496		721		82		410	23390		8894		99
	33		525	21137		1438		786		83		408	23435		8847	31	056
	34		523	21183		1381		851		84		405	23481		8800		121
	35		520	21229		1324		916		85		403	23586		8752		187
	36		518	21276		1267		982		86		400	23572		8707		253
	37		516	21322		1211	28	047		87		398	23617		8661		318
	38		514	21368		1155		112		88		395	23663		8614		384
	39		512	21415		1099		177		89		393	23708		8569		45
	40		510	21461		1043		243		90		390	23753		8523		515
	41		508	21507		0987		308		91		388	23798		8477		581
	42		505	21553		0932		373		92		385	23844		8332		647
	43		503	21600		0877		439		93		383	23889		8387		712
	44		500	21646		0822		504		94		380	23934		8341		778
	45		498	21692		0768		569		95		378	23980		8296		844
	46		495	21739		0713		635		96		375	24025		8252		909
	47		493	21784		0659		70		97		373	24070		8207		975
	48		490	21831		0605		765		98		370	24116		8163	32	041
	49		488	21877		0551		83		99		368	24161		8118		106
	50		487	21923		0498		896		»		365	24206		8074		172

TABLE TRIGONOMÉTRIQUE

Le coefficient est une fraction décimale dans laquelle on a omis à dessein le zéro des unités.

Cordes.				Coeffic.	Variation	Angle.	
m	c.	m.	c.			gr.	
5	01	19	363	24251	1 8030	32	238
	02		360	24296	7986		304
	03		358	24341	7942		37
	04		355	24387	7899		435
	05		352	24432	7856		501
	06		350	24477	7813		567
	07		347	24522	7770		633
	08		344	24567	7727		698
	09		341	24612	7684		764
	10		338	24657	7641		83
	11		335	24702	7599		896
	12		332	24746	7556		962
	13		330	24791	7514	33	027
	14		327	24836	7472		093
	15		325	24881	7430		159
	16		323	24926	7389		225
	17		320	24971	7347		291
	18		318	25016	7306		357
	19		315	25061	7264		423
	20		312	25106	7223		489
	21		310	25151	7182		555
	22		307	25195	7141		621
	23		304	25240	7101		687
	24		301	25285	7060		753
	25		298	25329	7020		819
	26		295	25374	6979		885
	27		292	25419	6939		951
	28		289	25463	6899	34	017
	29		287	25508	6859		083
	30		285	25553	6819		149
	31		283	25597	6780		215
	32		280	25642	6740		281
	33		277	25686	6701		347
	34		274	25731	6662		413
	35		271	25775	6623		479
	36		268	25819	6584		545
	37		265	25864	6545		611
	38		262	25908	6506		677
	39		259	25953	6467		743
	40		257	25997	6429		809
	41		255	26044	6390		876
	42		252	26086	6352		942
	43		250	26130	6314	35	008
	44		247	26174	6276		074
	45		244	26219	6238		14
	46		241	26263	6201		206
	47		238	26307	6163		272
	48		235	26351	6125		339
	49		232	26395	6088		405
	50		229	26440	6051		471

Cordes.				Coeffic.	Variation	Angle.	
m	c.	m.	c.			gr.	
5	51	19	227	26484	1 6014	35	537
	52		224	26528	5977		603
	53		221	26572	5940		67
	54		218	26616	5903		736
	55		215	26660	5866		802
	56		212	26704	5828		869
	57		209	26748	5793		935
	58		206	26792	5757	36	001
	59		203	26836	5721		067
	60		200	26880	5685		134
	61		197	26924	5649		20
	62		194	26968	5613		266
	63		191	27011	5577		333
	64		188	27055	5541		399
	65		185	27099	5506		465
	66		182	27143	5471		532
	67		179	27187	5435		598
	68		176	27230	5400		665
	69		173	27274	5365		731
	70		170	27318	5330		798
	71		167	27361	5295		864
	72		164	27405	5260		93
	73		161	27449	5225		997
	74		158	27492	5191	37	063
	75		155	27536	5156		13
	76		152	27579	5122		196
	77		149	27623	5088		263
	78		146	27667	5054		329
	79		143	27710	5020		396
	80		140	27754	4985		462
	81		137	27797	4952		529
	82		134	27841	4918		595
	83		131	27884	4883		662
	84		128	27927	4851		728
	85		125	27971	4817		795
	86		122	28014	4784		861
	87		119	28057	4751		928
	88		116	28100	4717		995
	89		113	28144	4684	38	061
	90		110	28187	4651		128
	91		107	28230	4619		195
	92		104	28273	4586		261
	93		100	28317	4553		328
	94		097	28360	4520		394
	95		094	28403	4488		461
	96		090	28446	4455		528
	97		087	28489	4423		595
	98		084	28532	4391		661
	99		081	28575	4359		728
6	»		078	28618	4327		795

Le coefficient est une fraction décimale dans laquelle on a omis à dessein le zéro des unités.

Cordes m	c.	m.	c.	Coefficᵗ.	Variation	Angle g.	Angle
6	01	19	075	28661	1 4295	38	861
	02		072	28704	4263		928
	03		068	28747	4231		995
	04		065	28790	4200	39	062
	05		062	28832	4168		128
	06		059	28875	4136		195
	07		056	28918	4105		262
	08		053	28961	4074		329
	09		050	29004	4042		396
	10		047	29047	4011		462
	11		044	29089	3980		529
	12		040	29132	3949		596
	13		037	29175	3918		663
	14		034	29217	3887		73
	15		030	29260	3857		797
	16		027	29303	3826		864
	17		024	29345	3795		931
	18		020	29388	3765		997
	19		017	29430	3735	40	064
	20		014	29473	3704		131
	21		011	29515	3674		198
	22		008	29558	3644		265
	23		004	29600	3614		332
	24		»	29642	3584		399
	25	18	997	29685	3554		466
	26		994	29727	3524		533
	27		991	29769	3494		60
	28		988	29812	3465		667
	29		985	29854	3435		734
	30		982	29896	3406		801
	31		978	29938	3376		868
	32		975	29981	3347		936
	33		972	30023	3317	41	003
	34		968	30065	3288		07
	35		965	30107	3259		137
	36		961	30149	3230		205
	37		958	30191	3201		272
	38		955	30233	3172		339
	39		951	30275	3143		406
	40		948	30317	3115		473
	41		944	30359	3086		541
	42		941	30401	3057		608
	43		938	30443	3029		675
	44		934	30485	3000		742
	45		931	30527	2972		81
	46		927	30568	2944		877
	47		924	30610	2916		945
	48		921	30652	2887	42	012
	49		917	30694	2859		079
	50		914	30735	2831		152

Cordes m	c.	m.	c.	Coefficᵗ.	Variation	Angle g.	Angle
6	51	18	910	30777	1 2803	42	214
	52		907	30819	2776		281
	53		903	30860	2748		348
	54		90	30902	2720		416
	55		896	30944	2692		483
	56		893	30985	2665		55
	57		889	31027	2637		618
	58		886	31068	2610		685
	59		882	31110	2582		752
	60		879	31151	2555		82
	61		875	31193	2528		887
	62		872	31234	2500		955
	63		868	31275	2473	43	022
	64		865	31317	2446		09
	65		861	31358	2419		157
	66		858	31399	2392		224
	67		854	31441	2365		292
	68		851	31482	2339		36
	69		847	31523	2312		427
	70		844	31564	2285		494
	71		840	31605	2259		562
	72		837	31646	2232		63
	73		833	31687	2206		697
	74		829	31729	2179		765
	75		826	31770	2153		832
	76		822	31811	2127		90
	77		819	31852	2101		968
	78		815	31893	2074	44	035
	79		811	31934	2048		103
	80		808	31974	2022		171
	81		804	32015	1996		239
	82		801	32056	1970		306
	83		797	32097	1945		374
	84		793	32137	1919		442
	85		790	32178	1893		509
	86		786	32219	1867		577
	87		783	32260	1842		645
	88		779	32300	1816		713
	89		775	32341	1790		781
	90		772	32382	1765		848
	91		768	32422	1740		916
	92		765	32463	1715		984
	93		761	32503	1690	45	052
	94		757	32543	1664		12
	95		753	32584	1639		188
	96		750	32624	1614		256
	97		746	32645	1589		324
	98		742	32700	1564		391
	99		739	32746	1539		459
7	«		735	32786	1514		527

Le coefficient est une fraction décimale dans laquelle on a omis à dessein le zéro des unités.

Cordes				Coefficᵗ.	Variation		Angle	
m	c.	m.	c.				g.	
7	01	18	731	32826	1	1489	45	595
	02		727	32867		1465		663
	03		724	32907		1440		731
	04		720	32947		1415		799
	05		716	32987		1391		868
	06		712	33027		1366		936
	07		708	33068		1342	46	004
	08		705	33108		1317		072
	09		701	33148		1293		14
	10		697	33188		1269		208
	11		693	33228		1244		276
	12		689	33268		1220		345
	13		686	33308		1196		413
	14		682	33348		1172		481
	15		678	33387		1148		549
	16		674	33427		1124		617
	17		670	33467		1100		685
	18		666	33507		1076		754
	19		663	33547		1052		.822
	20		659	33586		1028		89
	21		655	33626		1005		958
	22		651	33665		0981	47	026
	23		647	33705		0957		094
	24		643	33745		0934		163
	25		639	33784		0910		231
	26		636	33824		0887		299
	27		632	33863		0863		368
	28		628	33902		0840		436
	29		624	33942		0817		504
	30		620	33982		0793		573
	31		616	34021		0770		641
	32		612	34060		0747		709
	33		608	34099		0725		778
	34		604	34139		0701		846
	35		600	34178		0678		915
	36		596	34217		0655		983
	37		592	34256		0632	48	052
	38		588	34296		0609		12
	39		584	34335		0586		189
	40		580	34374		0563		257
	41		576	34413		0540		326
	42		572	34452		0518		394
	43		568	34491		0495		463
	44		564	34530		0472		531
	45		560	34569		0450		600
	46		556	34608		0427		668
	47		552	34647		0405		737
	48		548	34686		0383		806
	49		544	34724		0360		874
	50		540	34763		0338		943

Cordes				Coefficᵗ.	Variation		Angle	
m	c.	m.	c.				g.	
7	51	18	536	34802	1	0316	49	.012
	52		532	34841		0293		08
	53		528	34879		0271		149
	54		524	34918		0249		218
	55		520	34957		0227		287
	56		516	34995		0205		355
	57		512	35034		0183		424
	58		508	35072		0161		493
	59		504	35111		0139		562
	60		500	35149		0117		63
	61		496	35188		0095		699
	62		492	35226		0073		768
	63		487	35264		0051		837
	64		483	35303		0030		906
	65		479	35341		0008		975
	66		475	35379	0	9986	50	044
	67		471	35418		9965		112
	68		466	35456		9943		181
	69		462	35494		9922		25
	70		458	35532		9900		319
	71		454	35570		9879		388
	72		450	35608		9857		457
	73		445	35646		9836		526
	74		441	35684		9815		595
	75		437	35722		9794		664
	76		433	35760		9772		733
	77		429	35798		9751		802
	78		424	35836		9730		871
	79		420	35874		9709		94
	80		416	35911		9688	51	009
	81		412	35949		9667		078
	82		407	35987		9646		148
	83		403	36025		9625		217
	84		399	36062		9604		286
	85		394	36100		9583		345
	86		390	36137		9562		424
	87		386	36175		9541		493
	88		382	36213		9521		563
	89		377	36250		9500		632
	90		373	36288		9479		701
	91		369	36325		9458		77
	92		364	36362		9438		84
	93		360	36400		9417		909
	94		356	36437		9397		978
	95		351	36474		9376	52	048
	96		347	36512		9356		117
	97		343	36549		9335		187
	98		339	36586		9315		256
	99		334	36623		9295		326
8	»		330	36661		9274		395

TABLE TRIGONOMÉTRIQUE

Le coefficient est une fraction décimale dans laquelle on a omis à dessein le zéro des unités.

Cordes				Coeffic.	Variation	Angle	
ni c.		m. c.				g.	
8 01		18 326		36697	0 9254	52	464
02		321		36734	9234		534
03		317		36771	9214		603
04		312		36808	9194		673
05		308		36845	9174		743
06		304		36882	9153		812
07		299		36919	9133		882
08		295		36956	9113		952
09		290		36993	9093	53	021
10		286		37030	9073		092
11		281		37066	9053		161
12		277		37103	9033		23
13		272		37140	9013		30
14		268		37176	8994		37
15		263		37213	8974		439
16		259		37250	8954		509
17		254		37286	8934		579
18		250		37322	8915		648
19		245		37359	8895		718
20		241		37395	8875		788
21		236		37432	8856		858
22		232		37468	8836		928
23		227		37504	8817		998
24		223		37540	8797	54	068
25		218		37577	8778		137
26		214		37613	8759		207
27		209		37649	8739		277
28		205		37685	8720		347
29		200		37721	8700		417
30		196		37758	8681		487
31		191		37793	8662		557
32		187		37829	8642		627
33		182		37865	8623		697
34		178		37901	8604		767
35		173		37937	8585		837
36		168		37973	8566		907
37		164		38009	8547		977
38		159		38044	8528	55	047
39		155		38080	8509		117
40		150		38116	8490		188
41		145		38152	8471		258
42		141		38187	8452		328
43		136		38222	8433		398
44		131		38258	8414		468
45		126		38293	8396		539
46		122		38329	8377		609
47		117		38364	8358		679
48		112		38400	8339		75
49		107		38435	8320		82
50		103		38471	8302		89

Cordes				Coeffic.	Variation	Angle	
m c.		m. c.				g.	
8 51		18 098		38506	0 8283	55	96
52		094		38541	8264	56	031
53		089		38576	8246		101
54		085		38611	8227		172
55		079		38645	8209		242
56		075		38681	8190		312
57		070		38716	8172		383
58		065		38752	8153		453
59		061		38787	8135		524
60		056		38822	8117		594
61		051		38857	8098		665
62		046		38891	8080		735
63		041		38926	8062		806
64		037		38961	8043		877
65		032		38996	8025		947
66		027		39030	8007	57	018
67		022		39065	7989		088
68		018		39100	7971		159
69		013		39134	7952		23
70		008		39169	7934		30
71		003		39203	7916		371
72	17	998		39237	7898		441
73		994		39271	7880		512
74		989		39306	7862		582
75		984		39341	7844		653
76		979		39375	7826		725
77		974		39409	7808		796
78		970		39444	7790		867
79		965		39478	7773		938
80		960		39512	7755	58	009
81		955		39546	7737		08
82		950		39580	7719		151
83		945		39614	7701		222
84		940		39648	7684		293
85		935		39682	7666		364
86		930		39716	7648		435
87		925		39750	7630		506
88		920		39783	7613		577
89		915		39817	7596		648
90		910		39851	7578		719
91		905		39885	7560		79
92		900		39918	7543		861
93		895		39952	7525		932
94		890		39986	7508	59	003
95		885		40019	7490		075
96		880		40053	7473		146
97		875		40086	7455		217
98		870		40119	7438		288
99		865		40153	7420		359
9 »		860		40186	9403		432

TABLE TRIGONOMÉTRIQUE

Le coefficient est une fraction décimale dans laquelle on a omis à dessein le zéro des unités.

m	c.	m.	c.	Coeffict.	Variation	g.	Angle.
9	01	17	855	40220	0 7386	59	503
	02		850	40253	7368		574
	03		845	40286	7351		645
	04		840	40319	7334		717
	05		834	40352	7317		788
	06		829	40385	7300		859
	07		824	40418	7282		93
	08		819	40451	7265	60	001
	09		814	40484	7248		073
	10		809	40517	7231		144
	11		804	40550	7214		216
	12		799	40583	7197		287
	13		794	40616	7180		359
	14		789	40648	7163		431
	15		783	40681	7146		502
	16		778	40714	7129		573
	17		773	40746	7112		645
	18		768	40779	7095		717
	19		763	40812	7078		789
	20		758	40844	7061		86
	21		753	40877	7044		932
	22		748	40909	7027	61	004
	23		742	40941	7011		076
	24		737	40973	6994		147
	25		732	41006	6978		219
	26		727	41038	6960		291
	27		722	41070	6943		363
	28		716	41103	6927		435
	29		711	41135	6911		506
	30		706	41167	6893		578
	31		701	41199	6877		65
	32		695	41231	6860		722
	33		690	41262	6843		794
	34		685	41294	6827		866
	35		679	41327	6810		938
	36		674	41358	6794	62	01
	37		669	41390	6777		082
	38		664	41421	6761		154
	39		658	41453	6744		226
	40		653	41485	6728		298
	41		648	41517	6711		37
	42		642	41548	6695		442
	43		637	41580	6678		514
	44		632	41611	6662		587
	45		626	41643	6646		659
	46		621	41674	6629		731
	47		616	41705	6613		804
	48		611	41737	6597		876
	49		605	41768	6580		949
	50		600	41799	6564	63	024

m	c.	m.	c.	Coeffict.	Variation	g.	Angle.
9	51	17	594	41830	0 6548	63	094
	52		589	41861	6532		166
	53		588	41892	6516		238
	54		578	41924	6499		31
	55		572	41955	6483		383
	56		567	41986	6467		455
	57		561	42016	6451		528
	58		556	42047	6435		60
	59		550	42078	6419		673
	60		545	42109	6402		745
	61		539	42140	6386		818
	62		534	42170	6370		89
	63		528	42201	6354		963
	64		523	42231	6338	64	036
	65		517	42262	6322		109
	66		512	42292	6306		181
	67		506	42323	6290		254
	68		501	42353	6274		327
	69		495	42383	6259		40
	70		490	42414	6243		472
	71		484	42444	6227		545
	72		479	42474	6211		618
	73		473	42504	6195		691
	74		468	42534	6179		764
	75		462	42564	6164		837
	76		456	42594	6148		910
	77		451	42625	6132		982
	78		445	42654	6116	65	055
	79		440	42684	6100		128
	80		434	42714	6086		201
	81		428	42744	6069		274
	82		423	42774	6053		347
	83		417	42804	6037		42
	84		411	42833	6022		494
	85		406	42863	6006		567
	86		400	42892	5991		64
	87		395	42922	5975		713
	88		389	42951	5959		786
	89		384	42981	5944		859
	90		378	43010	5928		933
	91		372	43039	5913	66	006
	92		366	43069	5897		079
	93		360	43098	5882		153
	94		355	43127	5866		226
	95		349	43156	5851		299
	96		343	43185	5835		373
	97		337	43214	5820		446
	98		332	43244	5804		519
	99		326	43272	5789		593
	»		320	43301	5774		666

Le coefficient est une fraction décimale dans laquelle on a omis à dessein le zéro des unités.

Cordes.				Coeffict.		Variation	g.	Angle.
m.	c.	m.	c.					
10	01	17	314	43330	0	5758	66	74
	02		308	43358		5743		814
	03		303	43387		5728		887
	04		297	43416		5712		961
	05		291	43445		5697	67	034
	06		285	43473		5682		108
	07		279	43502		5666		182
	08		274	43531		5651		256
	09		268	43559		5636		329
	10		262	43588		5620		403
	11		256	43616		5605		477
	12		250	43644		5590		55
	13		244	43672		5575		624
	14		238	43700		5560		698
	15		232	43728		5544		772
	16		227	43757		5529		846
	17		221	43785		5514		92
	18		215	43813		5499		994
	19		209	43841		5484	68	068
	20		203	43869		5469		142
	21		197	43896		5453		216
	22		191	43924		5438		29
	23		185	43952		5423		364
	24		179	43980		5408		438
	25		173	44008		5393		512
	26		167	44035		5378		586
	27		161	44062		5363		66
	28		155	44090		5348		735
	29		149	44117		5333		809
	30		143	44145		5318		883
	31		137	44172		5303		957
	32		131	44200		5288	69	032
	33		125	44227		5274		106
	34		119	44254		5259		18
	35		113	44281		5244		255
	36		107	44309		5229		329
	37		101	44336		5214		40
	38		095	44363		5199		478
	39		089	44390		5184		552
	40		083	44417		5170		627
	41		077	44443		5155		701
	42		071	44470		5140		776
	43		065	44497		5125		85
	44		059	44523		5110		925
	45		052	44550		5096	70	»
	46		046	44577		5081		075
	47		040	44603		5066		149
	48		034	44630		5051		224
	49		028	44656		5037		298
	50		022	44683		5022		373

Cordes.				Coeffict.		Variation	g.	Angle.
m.	c.	m.	c.					
10	51	17	016	44709	0	5007	70	448
	52		010	44735		4993		523
	53		003	44762		4980		598
	54	16	997	44788		4964		672
	55		991	44814		4949		747
	56		985	44840		4934		822
	57		979	44866		4919		897
	58		972	44892		4904		972
	59		966	44918		4890	71	048
	60		960	44944		4875		123
	61		954	44970		4860		198
	62		947	44995		4846		273
	63		941	45021		4831		348
	64		935	45047		4817		423
	65		928	45072		4802		498
	66		922	45098		4788		574
	67		916	45123		4773		649
	68		910	45149		4759		724
	69		903	45174		4744		799
	70		897	45199		4730		95
	71		890	45225		4715	72	025
	72		884	45250		4701		101
	73		878	45275		4686		176
	74		871	45300		4672		252
	75		865	45325		4657		327
	76		859	45350		4643		365
	77		852	45375		4628		403
	78		846	45400		4614		478
	79		839	45425		4600		554
	80		833	45450		4585		63
	81		826	45475		4571		705
	82		820	45499		4557		781
	83		813	45524		4542		857
	84		807	45549		4528		933
	85		800	45573		4513	73	008
	86		794	45597		4499		084
	87		787	45622		4485		16
	88		781	45646		4471		236
	89		774	45670		4456		312
	90		768	45695		4442		388
	91		761	45719		4428		464
	92		755	45743		4413		539
	93		748	45767		4399		615
	94		742	45791		4385		692
	95		735	45815		4371		768
	96		729	45839		4356		844
	97		722	45863		4342		92
	98		716	45887		4328		996
	99		709	45910		4314		073
	»		703	45934		4300		149

TABLE TRIGONOMÉTRIQUE

*Le coefficient est une fraction décimale dans laquelle on a omis à dessein
le zéro des unités.*

Cordes				Coeffic.	Variation		Angle	
m	c.	m.	c.		m.		g.	
11	01	16	696	45957	0	4286	74	225
	02		690	45981		4271		301
	03		683	46004		4257		378
	04		677	46028		4243		454
	05		670	46051		4229		53
	06		663	46075		4215		607
	07		657	46098		4201		683
	08		650	46121		4187		76
	09		643	46144		4173		836
	10		637	46168		4159		912
	11		630	46191		4145		989
	12		623	46214		4130	75	065
	13		617	46236		4116		142
	14		610	46360		4102		219
	15		603	46282		4088		295
	16		596	46305		4074		372
	17		589	46327		4060		449
	18		583	46350		4046		525
	19		576	46373		4032		602
	20		567	46396		4018		679
	21		562	46418		4004		756
	22		555	46440		3990		833
	23		548	46462		3976		91
	24		542	46485		3962		986
	25		535	46507		3948	76	063
	26		528	46526		3934		141
	27		521	46551		3920		218
	28		515	46574		3906		295
	29		508	46596		3892		372
	30		501	46618		3878		449
	31		494	46639		3864		527
	32		487	46661		3850		604
	33		481	46683		3836		681
	34		474	46705		3822		758
	35		467	46726		3808		836
	36		460	46748		3795		913
	37		453	46769		3781		99
	38		446	46790		3767	77	068
	39		440	46812		3753		145
	40		433	46834		3739		223
	41		426	46855		3725		30
	42		419	46876		3711		378
	43		412	46898		3697		456
	44		405	46919		3683		533
	45		398	46940		3670		611
	46		391	46961		3656		689
	47		384	46981		3642		767
	48		377	47002		3628		844
	49		370	47023		3614		921
	50		363	47044		3600		998

Cordes				Coeffic.	Variation		Angle	
m	c.	m.	c.		m.		g.	
11	51	16	356	47064	0	3587	78	078
	52		349	47085		3573		156
	53		342	47106		3559		233
	54		335	47126		3545		311
	55		327	47146		3532		388
	56		320	47167		3518		466
	57		313	47187		3504		544
	58		306	47207		3490		622
	59		299	47228		3476		70
	60		292	47248		3463		778
	61		285	47268		3449		856
	62		278	47288		3435		934
	63		270	47308		3422	79	013
	64		263	47328		3408		091
	65		256	47347		3394		169
	66		249	47367		3381		247
	67		242	47387		3367		326
	68		234	47406		3353		405
	69		227	47426		3339		483
	70		220	47445		3326		561
	71		213	47465		3312		640
	72		206	47484		3298		718
	73		198	47504		3285		797
	74		191	47523		3271		876
	75		184	47542		3257		954
	76		177	47561		3244	80	033
	77		170	47580		3230		112
	78		162	47599		3216		191
	79		155	47618		3202		27
	80		148	47637		3189		348
	81		141	47656		3175		427
	82		133	47674		3161		506
	83		126	47693		3148		585
	84		118	47711		3134		664
	85		111	47730		3121		743
	86		104	47748		3107		822
	87		096	47767		3093		901
	88		089	47785		3080		98
	89		081	47803		3066	81	059
	90		074	47822		3053		138
	91		067	47840		3039		217
	92		059	47858		3025		296
	93		052	47876		3012		375
	94		044	47894		2998		455
	95		037	47912		2985		534
	96		029	47929		2971		613
	97		022	47947		2957		693
	98		015	47965		2944		772
	99		007	47982		2930		852
12	»	16	»	48000		2917		932

Le coefficient est une fraction décimale dans laquelle on a omis à dessein le zéro des unités.

Cordes				Coeffic.	Variation		Angle	
m	c.	m.	c.				gr.	
12	01	15	992	48017	0	2903	82	011
	02		985	48035		2890		091
	03		977	48052		2876		171
	04		970	48069		2862		25
	05		962	48087		2849		33
	06		954	48104		2835		41
	07		947	48121		2822		49
	08		939	48138		2808		57
	09		932	48155		2795		65
	10		924	48172		2781		73
	11		916	48188		2768		81
	12		909	48205		2754		89
	13		901	48222		2741		97
	14		894	48238		2727	83	05
	15		886	48255		2714		131
	16		878	48271		2700		211
	17		871	48288		2687		291
	18		863	48304		2673		371
	19		856	48320		2660		451
	20		848	48337		2646		532
	21		8;0	48353		2633		612
	22		832	48369		2619		692
	23		824	48385		2606		773
	24		817	48400		2592		853
	25		809	48416		2579		933
	26		801	48432		2565	84	014
	27		793	48448		2552		095
	28		786	48463		2538		175
	29		778	48479		2525		256
	30		770	48494		2511		337
	31		762	48510		2498		418
	32		754	48525		2484		498
	33		747	48540		2471		579
	34		739	48556		2457		66
	35		731	48571		2444		741
	36		723	48586		2430		822
	37		715	48601		2417		903
	38		708	48616		2403		984
	39		700	48630		2390	85	065
	40		692	48645		2376		146
	41		684	48660		2363		227
	42		676	48675		2349		308
	43		668	48689		2336		389
	44		660	48704		2322		471
	45		652	48718		2309		552
	46		644	48732		2296		633
	47		636	48747		2282		715
	48		628	48761		2269		796
	49		620	48775		2255		878
	50		612	48789		2242		960

Cordes				Coeffic.	Variation		Angle	
m	c.	m.	c.				gr.	
12	51	15	604	48803	0	2228	86	041
	52		596	48817		2215		123
	53		588	48831		2201		204
	54		580	48845		2188		286
	55		571	48858		2175		368
	56		563	48872		2161		45
	57		555	48885		2148		531
	58		547	48899		2134		613
	59		539	48912		2121		695
	60		531	48926		2107		777
	61		523	48939		2094		859
	62		515	48952		2080		942
	63		507	48965		2067	87	024
	64		498	48978		2054		106
	65		490	49091		2040		188
	66		482	49004		2027		27
	67		474	49017		2013		353
	68		466	49029		2000		435
	69		458	49042		1986		517
	70		450	49055		1973		60
	71		442	49067		1959		682
	72		433	49079		1946		765
	73		425	49092		1932		847
	74		417	49104		1919		93
	75		408	49116		1906	88	012
	76		400	49128		1892		095
	77		392	49140		1879		178
	78		384	49152		1865		26
	79		375	49164		1852		343
	80		367	49176		1838		426
	81		359	49188		1825		509
	82		350	49199		1812		592
	83		342	49211		1798		675
	84		333	49222		1785		758
	85		325	49234		1771		841
	86		317	49245		1758		924
	87		308	49256		1744	89	007
	88		300	49268		1731		09
	89		291	49279		1717		174
	90		283	49290		1704		257
	91		274	49301		1690		34
	92		266	49312		1677		424
	93		257	49322		1663		507
	94		249	49333		1650		59
	95		240	49344		1636		674
	96		232	49354		1623		758
	97		223	49364		1610		841
	98		215	49375		1596		925
	99		206	49385		1583	90	009
13	»		198	49395		1569		092

TABLE TRIGONOMÉTRIQUE

Le coefficient est une fraction décimale dans laquelle on a omis à dessein le zéro des unités.

Cordes.				Coeffict.	Variation		Angle.	
m	c.	m.	c.				g.	
13	01	15	189	49406	0	1556	90	176
	02		181	49416		1542		26
	03		172	49426		1529		344
	04		164	49436		1515		428
	05		155	49446		1502		512
	06		146	49455		1488		596
	07		138	49465		1475		68
	08		129	49475		1461		764
	09		121	49484		1448		848
	10		112	49494		1434		932
	11		103	49503		1421	91	017
	12		095	49513		1407		101
	13		086	49522		1394		185
	14		077	49531		1380		27
	15		068	49540		1367		354
	16		060	49549		1353		439
	17		051	49557		1340		523
	18		042	49566		1326		608
	19		034	49575		1312		693
	20		025	49584		1299		777
	21		016	49592		1285		862
	22		007	49600		1272		947
	23	14	998	49609		1258	92	032
	24		989	49617		1245		117
	25		980	49625		1231		202
	26		972	49634		1218		287
	27		963	49642		1204		372
	28		954	49649		1190		457
	29		945	49657		1177		542
	30		936	49665		1163		627
	31		927	49673		1150		712
	32		918	49680		1136		799
	33		909	49688		1123		884
	34		900	49695		1109		969
	35		891	49702		1096	93	055
	36		882	49708		1082		14
	37		873	49717		1068		226
	38		865	49724		1055		311
	39		856	49731		1044		397
	40		847	49739		1027		483
	41		838	49745		1014		568
	42		829	49752		1000		654
	43		820	49758		0987		741
	44		811	49765		0973		827
	45		801	49772		0959		913
	46		792	49778		0946		999
	47		783	49784		0932	94	085
	48		774	49791		0918		171
	49		765	49797		0905		257
	50		756	49803		0891		344

Cordes.				Coeffict.	Variation		Angle.	
m.	c.	m.	c.				g.	
13	51	14	747	49809	0	0877	94	43
	52		738	49815		0864		516
	53		728	49820		0850		603
	54		719	49826		0836		689
	55		710	49832		0823		776
	56		701	49837		0809		862
	57		692	49842		0795		949
	58		682	49848		0782	95	035
	59		673	49853		0768		122
	60		664	49858		0754		208
	61		655	49864		0740		295
	62		645	49869		0727		381
	63		636	49873		0713		468
	64		626	49878		0699		555
	65		617	49883		0685		642
	66		608	49888		0672		73
	67		598	49892		0658		817
	68		589	49897		0644		904
	69		579	49901		0630		992
	70		570	49905		0617	96	079
	71		561	49909		0603		167
	72		551	49913		0589		254
	73		542	49917		0575		342
	74		532	49921		0561		429
	75		523	49925		0548		517
	76		514	49929		0534		605
	77		504	49932		0520		693
	78		495	49936		0506		78
	79		485	49939		0492		868
	80		476	49943		0479		956
	81		466	49946		0465	97	044
	82		457	49949		0451		132
	83		447	49952		0437		22
	84		438	49955		0423		308
	85		428	49958		0409		397
	86		418	49961		0395		485
	87		409	49964		0381		573
	88		399	49966		0368		661
	89		389	49969		0354		75
	90		380	49971		0340		838
	91		370	49973		0326		927
	92		360	49976		0312	98	015
	93		351	49978		0298		104
	94		341	49980		0284		193
	95		331	49982		0270		282
	96		321	49984		0256		371
	97		311	49985		0242		460
	98		302	49987		0228		549
	99		292	49988		0214		638
	»		282	49996		0200		727

Le coefficient est une fraction décimale dans laquelle on a omis à dessein le zéro des unités.

Cordes.				Coëffi^t.	Variation		Angle.		Cordes.				Coeffic^t.	Variation		Angle.	
m	c,	m.	c.				g.		m	c.	m.	c.				g.	
14	01	14	272	49991	0	0186	98	816	14	08	14	204	49998	0	00877	99	442
	02		262	49993		0172		905		09		194	49998		00736		532
	03		253	49994		0158		994		10		184	49999		00595		621
	04		234	49995		0144	99	083		11		173	49999		00454		711
	05		233	49996		0130		173		12		162	499997		00313		804
	06		223	49997		01158		263		13		152	499999		»		895
	07		243	49997		01048		352		14		142	50000		»	100	▪

FIN.

Imprimerie de Surgères (Charente-Inférieure). — J. Tessier.

A LA MÊME LIBRAIRIE

CARTES MURALES

DRESSÉES PAR J.-L. SANIS.

1º MAPPEMONDE PHYSIQUE ET POLITIQUE, avec les princi-
pales figures servant à la démonstration de la COSMOGRAPHIE.

Prix, en 2 feuilles grand-monde coloriées . . . . . . 6 fr.
Montée sur toile, avec gorge et rouleau, vernie . . . . 15 fr.
    (Dimensions : 1ᵐ80 de largeur sur 1ᵐ20 de hauteur.)

2º EUROPE PHYSIQUE ET POLITIQUE.

Prix, en feuilles coloriées. . . . . 5 fr.
Montée sur toile, avec gorge et rouleau, vernie . . . 10 fr.
    (Dimensions : 1ᵐ30 de largeur sur 1ᵐ10 de hauteur.)

3º FRANCE PHYSIQUE, POLITIQUE ET INDUSTRIELLE, et Pays
limitrophes.

Prix, en feuilles coloriées. . . . . 5 fr.
Montée sur toile, avec gorge et rouleau, vernie . . . 10 fr.
    (Dimensions : 1ᵐ20 de largeur sur 1ᵐ10 de hauteur.)

TABLEAU SYNOPTIQUE DE L'HISTOIRE DE FRANCE

(DIMENSIONS : 1ᵐ80 SUR 1ᵐ20.)

Présentant, par ordre chronologique, la liste complète des
Rois, Empereurs et Chefs du pouvoir, la généalogie des familles
souveraines ; les faits les plus importants de chaque règne ou
de chaque gouvernement jusqu'à nos jours, par H. LABOURASSE,
inspecteur primaire, membre de plusieurs sociétés savantes.

Prix, en deux feuilles grand-monde. . . . . 5 fr.
Monté sur toile, avec gorge et rouleau, verni . . . . 14 fr.

TABLEAU SYNOPTIQUE DES POIDS ET MESURES

DESSINÉS D'APRÈS NATURE PAR L. GRIMBLOT

(Dimensions : 1ᵐ20 de largeur sur 1ᵐ de hauteur.)
Prix, en une feuille grand-monde coloriée . . . . . 4 fr.
Monté sur toile, avec gorge et rouleau, verni . . . . 10 fr.

GRAND TABLEAU SYNOPTIQUE DES POIDS ET MESURES

DESSINÉS D'APRÈS NATURE PAR LE MÊME.

(Dimensions : 1ᵐ80 de largeur sur 1ᵐ20 de hauteur.)
Prix, en deux feuilles grand-monde, coloriées . . . . 6 fr.
Monté sur toile, avec gorge et rouleau, verni . . . . 15 fr.

Ces nouveaux tableaux se recommandent par le groupement métho-
dique des objets, tous reproduits de grandeur naturelle ; ce qui leur
donne, sur la plupart des travaux du même genre, l'avantage de ne
pas fausser l'esprit des élèves.

Les unités effectives : MÈTRE, ARE, STÈRE, LITRE, GRAMME, FRANC
sont placées sur une même ligne verticale, ayant d'un côté leurs mul-
tiples, et de l'autre leurs sous-multiples, seule disposition rationnelle.

---

*Envoi FRANCO, sans augmentation de prix, au reçu d'un bon de poste.
— Indiquer la gare la plus proche, les dimensions de ces Cartes et
Tableaux ne permettant pas de les expédier par la poste.*

www.ingramcontent.com/pod-product-compliance
Ingram Content Group UK Ltd.
Pitfield, Milton Keynes, MK11 3LW, UK
UKHW022149070726
13613UKWH00003B/1444